羊病

临床诊疗技术与典型医案

YANGBING
LINCHUANG ZHENLIAO JISHU YU
DIANXING YI'AN

刘永明
赵四喜 ⊙主编

 化学工业出版社

·北京·

本书收录了《中兽医医药杂志》1982～2011年登载的有关羊病诊断、治疗的理法方药和典型医案。作者经过精心整理、编撰，贯中参西，以科学实用为目的，力求体现先进性、系统性、完整性，为中兽医防治羊病提供实用的诊疗技术和方法。本书分为内科病、外科病、产科病、传染病、寄生虫病、中毒病和附录，详细介绍了每种疾病的病因、主症、治则、方药、防制及典型医案等。本书内容翔实、重点明确、结构合理、通俗易懂，适用于广大基层兽医专业人员阅读，也可供农业院校兽医专业师生以及养羊场（户）技术人员阅读和参考。

图书在版编目（CIP）数据

羊病临床诊疗技术与典型医案/刘永明，赵四喜主编.
北京：化学工业出版社，2018.5
ISBN 978-7-122-31858-9

Ⅰ.①羊… Ⅱ.①刘…②赵… Ⅲ.①羊病-诊疗
Ⅳ.①S858.26

中国版本图书馆 CIP 数据核字（2018）第 061719 号

责任编辑：漆艳萍　　　　　　　　　文字编辑：赵爱萍
责任校对：王　静　　　　　　　　　装帧设计：韩　飞

出版发行：化学工业出版社（北京市东城区青年湖南街 13 号　邮政编码 100011）
印　　刷：北京京华铭诚工贸有限公司
装　　订：北京瑞隆泰达装订有限公司
850mm×1168mm　1/32　印张 6¾　字数 175 千字
2018 年 7 月北京第 1 版第 1 次印刷

购书咨询：010-64518888（传真：010-64519686）
售后服务：010-64518899
网　　址：http://www.cip.com.cn
凡购买本书，如有缺损质量问题，本社销售中心负责调换。

定　　价：38.00元

编写人员名单

主　　编　刘永明　赵四喜

副 主 编　王华东　肖玉萍　王胜义

参编人员　赵朝忠　荔　霞　王　慧　崔东安

　　　　　刘治岐　赵　博　李锦宇

前 言

养羊业是一项投入低、产出率高、收效快的节粮型产业，不仅能为市场提供丰富的肉、毛、绒、皮、乳等产品，满足人们的生活需要，而且已成为农牧民脱贫致富的主导产业，是国民经济的重要组成部分。随着食品安全防控、生态环境保护越来越被社会广泛重视，现代养羊业更加注重标准化、健康化、生态化，羊病的科学化防治显得尤为重要。由于羊的品种、年龄和生产性能差异，羊病的性质、类型和证候既有区别也有类同，临床诊治时需要仔细辨病及辨证，才能取得确实的治疗效果。广大畜牧兽医科技工作者和基层从业人员在总结前人诊疗经验的基础上，对不同种类、不同证候羊病的诊断与治疗积累了丰富经验，比较系统地反映了当代中兽医学发展水平和诊疗技术，丰富了羊病诊疗理论知识体系。《中兽医医药杂志》自创刊以来发表了大量防治羊病的临床研究、诊疗经验和诊疗技术，有必要进行全面系统的总结。

本书集科学性、知识性和实用性于一体，在总结前人研究成果的基础上，对《中兽医医药杂志》（含正刊与专辑）刊载的各种羊病，包括临床集锦、诊疗经验和部分实验研究等进行系统归纳、分类整理和编辑，重点突出了临床兽医工作者对羊病的诊疗技术和典型医案，详细介绍了每种疾病（症型）的理法方药，是广大兽医临床工作者的长期实践经验的总结，行之有效。

为方便查阅，在书稿整理中尽可能按文章所列病名、病性、治疗情况进行归纳、分类，并对同一篇文章中不同疾病用同一种诊疗方法（药），按不同疾病分解后进行归类，把相同或相关医案归纳在一起。用一个方药治疗两种或两种以上的疾病，则尽可能分别叙述。对不同方药治疗同一疾病，尽可能收录，但对同一方药治疗多个医案，在整理过程中仅选择其中比较有代表性的医案。对同一疾病的发病病因，尽管病性各异，但引起发病的原因大致相同，不再一一赘述，采取前面已表述的部分，后面如若相同，用简述的方式说明表述的位置，然后列出不同的部分，读者在阅读时可前后参阅、一并了解。

本书原则上按"病因""辨证施治或主症""治则""方药""典型医案"分别叙述，重点收集"治则"、"方药"和"医案"等内容，省略"方解"和"体会"等内容，一般诊断内容仅作概括性阐述；传染病和寄生虫病部分增加"流行病学""病理变化""鉴别诊断"等现代科技成果和诊断技术；凡是仅有医案，没有病因、或没有症状、或没有方药、或没有治疗情况和治愈情况的病案，本书不予收录；"方药"中的药味及用量如与"医案"中的药味、用量一致，原则上在"医案"中不再一一列出。对于临床上新出现的医案或临床验证医案较少者，大都是原作者临床诊疗智慧的结晶，在以往的中兽医书籍中亦无记载，为力求全面而真实地反映中兽医医药防治羊病的研究成果，在此一并列出，供读者临床验证。

为了便于读者查阅并对照原文，按照《中兽医医药杂志》出版的总期数和页码在本书中进行标注，分别用 T 和 P 表示，并列出原作者姓名，若有两个或两个以上作者，仅列出第一作者，在第一作者后用"等"表示，如总第 56 期第 28 页，标注为：作者姓名，T56，P28；引用文章出自专辑，标注为专辑出版的年份和页码，分别用 ZJ+ 年号、P 表示，如 2005 年专辑第 56 页，标注为：作者姓名，ZJ2005，P56。

由于时间仓促，加之笔者水平有限，书中难免有疏漏之处，敬请读者提出宝贵意见。

编者
2018 年 5 月

目 录

第一章 内科病/1

第二章　外科病/51

第三章　产科病/72

第四章　传染病/100

第五章　寄生虫病/142

第六章　中毒病/165

附录/182

第一章
内 科 病

异 食 癖

异食癖是指因饲养管理不当或羊患某些疾病，导致营养代谢异常，引起食欲减退、味觉异常、喜食异物的一种病症。冬末春初最易发生。

【病因】 多因饲料单一，缺乏维生素、微量元素和蛋白质，造成羊的消化功能和代谢功能紊乱引发异食癖；羊舍和运动场过于拥挤、空气潮湿、通风采光不良诱发异食癖；或继发于其他慢性病（如慢性消化不良、软骨症和某些微量元素缺乏症）。

【主症】 病羊精神不振，消化不良，舔食土块、骨块、木片、瓦片、布条、塑料布、煤渣等，甚至出现饮尿或饮污水的现象，反应迟钝，磨牙，弓腰，渐进性消瘦，贫血，被毛无光泽。

【治则】 消食健胃，补充维生素和微量元素。

【方药】 平胃散。苍术60g，厚朴、陈皮各45g，甘草、生姜各20g，大枣90g。共研细末，开水冲调，候温灌服，40~50g/次，1次/天，连服2~4次。（李兴如等，T141，P22）

【防制】　改善饲养管理，供给多样性饲草、饲料，满足羊对蛋白质和矿物质的需求，在羊舍内放置由盐和微量元素配制的人工舔砖供羊自由舔食，饲料中添加优质的预混料添加剂。对羊群定期进行驱虫，防止羊因患寄生虫病而诱发本病。

吐　草

吐草是指羊食草后咀嚼无力，草料不能下咽而吐出或不能反刍而吐出的一种病症。常见于春夏季节。各种羊均可发生。多发生在沙漠湖盆地区。

【病因】　多因牧草品种单一，营养不全引发。

【主症】　病羊白日采食减少，夜间反刍时吐出大量胃内容物，内容物气味酸臭，被毛粗乱，日渐消瘦、乏力，放牧时跟不上群。从发病到死亡1～6个月，多呈慢性经过。

【治则】　降胃气，止呕吐。

【方药】　利胆和胃止吐汤。旋覆花、麦冬、郁金各12g，党参15g，制半夏、生姜、柿蒂各10g，赭石、茵陈各30g，丁香6g，甘草5g。吐草严重者倍制半夏、生姜，加竹茹、橘皮、枇杷叶；体弱不能跟群者倍党参，加白术、吴茱萸、官桂、小茴香。加水1000mL/剂，煎煮至250mL，水煎2次/剂，混合药液，盛于500mL酒瓶内灌服，早、晚各250mL，连服3～5剂/只。共治疗21例，痊愈18例。

【典型医案】　1975年6月，庆阳市细毛羊繁殖场马双社羊群1周内有4只羊因吐草（均为1岁新疆细毛母羊）就诊。检查：初期，病羊反刍时口角流出绿色泡沫，继而夜间吐出大量反刍草团和绿色液体，涂污于周围墙壁或其他羊身上。白天放牧中采食减少，重者停止采食，不跟群。治疗：取上方药，用法相同，1剂/（只·天），连服3剂。用药5天，病羊均痊愈，1年内未见复发。（米国柱等，T6，P49）

消化不良

消化不良是指羊胃肠道功能障碍，引起以腹泻为主要特征的一种病症。

一、成年羊消化不良

【病因】 由于饲养管理不当，使羊饥饱不均，或饲喂发霉、变质、冰冻及有毒饲料，导致羊胃肠功能障碍而发病。羔羊多因母羊患有某些疾病，通过母乳传递而发病，或饲料中缺乏维生素，环境潮湿寒冷，日照不足，羊舍通风不良，饲喂用具不洁，患寄生虫病等诱发。

【主症】 病羊精神不振，头低耳耷，四肢无力，倦怠喜卧，体瘦毛焦，经常性腹泻，有时肚腹虚胀，粪中混有未消化的草渣、无特殊气味，尿短少，口色微淡白。

【治则】 消食健胃，补中益气。

【方药】 健脾糕（四川安岳中药厂生产，由党参、白术、陈皮、白扁豆、茯苓、莲子、山药、芡实、薏苡仁、甘草、冬瓜子、鸡内金、大米、糯米组成），成年羊20～25片/次，羔羊8～12片/次，2次/天，1个疗程/3天。脱水严重者结合西药强心补液；虫积所致腹泻应先驱虫，后服健脾糕。共治疗83例，其中虫积腹泻25例（结合西药驱虫治疗），脾虚腹泻28例，羔羊腹泻30例。治愈81例。

【典型医案】

(1) 四川省某县畜牧局饲养的4只安哥拉努比羊，因患腹泻治疗月余无效来诊。检查：病羊精神委顿，食欲减退，体瘦毛枯，泻粪如水，喜卧，耳、鼻、四肢不温，口色苍白，体温39.4℃。经查，4只羊均有血矛线虫、钩虫及少量球虫和丝虫寄生。治疗：每只羊隔日用50％葡萄糖注射液、林格液各200mL，维生素C注射液1g，维生素 B_1 0.5g，20％安钠咖注射液3mL，5％氯化钙注射液 10mL，混合，静脉注射。连用 2 次后，再用丙硫咪唑 15mL/kg 驱虫。同时 3 只羊喂服健脾糕，1 只羊灌服磺胺脒 3g、麦芽粉 8g、鞣酸蛋白 4g，2 次/天。1 周后，服健脾糕的 3 只羊痊愈，寄生虫学检查阴性；服西药的 1 只羊死亡。

（2）四川农业大学兽医院的 1 只用于实习的奶山羊，腹泻 9 天，采用强心补液疗法、口服氯霉素等药物治疗略有效果，但停药后腹泻又复发。治疗：健脾糕，用法同上方药，连用 3 天，痊愈，再未复发。（李英伦等，T47，P43）

二、羔羊消化不良

【病因】　羔羊气血未充，脏腑娇嫩，皮薄体柔，腠理疏松，脾胃功能尚不健全，若护理不当，饲喂失宜则易引起消化不良；母羊饲养管理不当，新生羔羊吃不到初乳或吃初乳过晚，初乳品质过差易导致消化不良；哺乳母羊患病，母乳中含有病理产物和病原微生物而导致羔羊发病；羔羊食初乳过多，致使脾胃运化受阻，运化失司，乳食积滞引发消化不良；羔羊吮乳不定时定量，后期补饲不当等因素诱发；气候剧变，羔羊腠理疏松，卫阳较弱而腠理不固，外邪乘虚侵袭机体，寒伤中阳，脾运失调，寒积于内，形成虚寒积滞导致消化不良。2～3 月龄羔羊多发。

【主症】　患病羔羊食欲减退或不食，体弱消瘦，精神沉郁，四肢攒于腹下。如胃中已形成凝乳，则口流清涎，头弯于一侧，有时呻吟，伴有瘤胃臌胀，按压、触摸腹部有大小不等的积块。病程长者腹胀、泄泻，如形成毛球结，局部滞阻，食欲废绝，进而衰竭死亡。

【治则】　消食健胃，宽肠理气。

【方药】

（1）加味参术健脾散。醋香附 45g，麦芽、山楂、神曲、枳实各 30g，陈皮、白术、党参各 25g，青皮、醋三棱、醋莪术各 20g，桃仁 15g，炙甘草 10g。共为细末，3g/次，加水适量，灌服，2 次/天，连服 3～4 次。如已形成积聚结滞，可结合体外触压破

块，疗效更好。（德力格尔，T15，P39）

（2）曲拉、红糖、白糖、山楂各15～40g。先将曲拉、山楂水煎2次，取汁，候温加入红糖、白糖各15～40g，灌服，2剂/天，连服2～3天。共治疗因消化不良引起的腹泻300余例（含犊牛），治愈率达99％以上。

（3）实热型，药用藿香、寒水石各10g，知母6g，陈皮、甘草各5g，丁香2g，发热者加青黛。虚寒型，药用肉豆蔻、肉桂各5g，莲子肉、党参、白术各10g，茯苓、陈皮各6g，发热者加藿香，腹胀、腹痛者加木香、砂仁，泻重者加五倍子、芡实，粪黏带血者加地榆、椿皮，食欲差者加草豆蔻、神曲。水煎取汁，候温灌服。（陈慎言，T54，P28）

【防制】　加强饲养管理，保证新生羔羊能尽早吃到初乳，最好在出生后1h内吃到初乳。人工哺乳应定时、定量、定温。保持圈舍、饮喂用具的清洁卫生。寒冷季节要防寒保暖。满足母羊妊娠期及哺乳期的营养需求，补充维生素和矿物元素。

【典型医案】　1995年2月15日，西北农业大学莎能奶山羊原种场的30只15日龄羔羊，因气候骤变患病就诊。检查：病羊精神不振，粪稀软、呈乳白色，有的病羊粪中混有气泡。诊为消化不良性腹泻。治疗：取方药（2），用法相同，3天痊愈。（白涛等，T81，P43）

食管阻塞

食管阻塞是指羊采食了块根类饲料或异物，引起食管阻塞的一种病症，又称草噎。

【病因】　多因羊过度饥饿，贪食玉米、饼块、豌豆或干草等来不及咀嚼即行咽下；或吞食大块坚硬饲料（如红薯块、萝卜等）；舔食或误食其他异物（如毛发、骨片、破布、皮革等）均可导致食管阻塞。

【主症】　病羊突然停止采食，烦躁不安，用力吞咽，流涎，被阻塞的前段食管常充满唾液，柔软而膨胀，触诊有波动感，用手逆

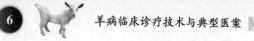

食管向前方推压，可见到大量混有饲料碎屑的泡沫性唾液从口中溢出，食管的膨胀也随之消失，但过一段时间又有大量唾液在该段食管蓄积、膨胀。阻塞若发生在颈部，可在颈外部触诊到阻塞物。若食管完全阻塞，则很快继发瘤胃臌气。胃管探诊时有阻力。

【治则】　排出阻塞物。

【方药】

（1）先取静松灵注射液 5mL，皮下注射；再用羊开口器打开口腔，并用绳索固定，助手用手电筒照向口腔，另一助手在食管外部下方（即柳枝末端）慢慢向上推送柳条，当柳条推送到咽喉处时，术者再用圆头半弯形长剪伸入口腔夹取，如此反复数次，直至被折柳条取完。

（2）瘤胃臌气时先穿刺放气。取 2% 盐酸普鲁卡因注射液 20～40mL，用胃管 1 次灌服至阻塞处，经 15～30min 后，用胃管蘸石蜡油（或植物油）推送即可。共治疗 3 例，均取得了较好的效果。（付泰等，T149，P59）

【防制】　加强饲养管理，块根或棉籽饼类饲料要加工切碎后再饲喂；防止羊偷食大块饲料。

【典型医案】　1996 年 10 月 7 日晚 9 时，定西县城关乡李家贫村 1 队李某的一只重约 50kg 小尾寒羊就诊。主诉：7 日下午，该羊因过食霜杀苜蓿，阻塞于食管中段，出现口吐白沫、伸颈、呼吸喘促、腹胀等症状。自用长约 60cm 的柳树条从口中导入食管，导通阻塞物，但在往外拉柳条时由于羊的咀嚼、骚动等原因，致使柳条折断在食管内，无法取出。检查：病羊伸颈摇头，骚动不安，疼痛拒按，呼吸喘促，反刍停止，触诊食管，距咽喉部 12～15cm 处有长 24～27cm 的硬枝条，口色淡红，大量流涎，体温 39℃，脉搏 86 次/min，呼吸 75 次/min。治疗：取方药（1），用法相同。术后，取肾上腺素注射液 2mL，肌内注射；青霉素 160 万单位，链霉素 200 万单位，肌内注射，连用 2 次；清热解毒液 40mL，分 2 次灌服。第 2 天，病羊一切症状消失，食欲、反刍正常。（马修权等，T101，P19）

前胃弛缓

前胃弛缓是指因羊前胃兴奋性降低、收缩力减弱，瘤胃内容物不能正常消化和后移，引起消化障碍、食欲和反刍减退以及全身功能紊乱的一种病症。中兽医称脾虚慢草。

【病因】 原发性前胃弛缓多因羊体虚弱，长期饲喂劣质、混有泥沙以及纤维素过多难以消化的饲料，或长期饲喂柔软的精料（如补饲粥样精料等，对胃的刺激不足），或草料骤变、运动不足等均可引发本病；继发性前胃弛缓多见于瘤胃积食、瓣胃阻塞以及全身性急慢性疾病过程中。

【主症】 病羊精神不振，食欲减退或不食，多卧立少，行动迟缓，喜食粗料不食精料，拒食青贮草或只食适口性强的饲料等，反刍减弱或停止，部分羊有间歇性的瘤胃臌气，触诊瘤胃内容物如面团状，指压留痕，不能及时恢复，听诊瘤胃蠕动音减弱无力，多数羊粪稀软，少数羊粪粗糙，体温、呼吸、脉搏无明显变化，初期口色淡、滑利、湿润，后期口色红。

【治则】 益气健脾，燥湿散寒。

【方药】 香砂六君子汤。党参、白术、砂仁、生姜各20g，茯苓15g，陈皮、半夏、木香各15g，甘草10g，大枣5枚（为40kg羊药量）。老弱病者加黄芪30～50g，当归20g，川芎10g。间歇性瘤胃臌气者加枳壳、香附、厚朴、莱菔子、神曲、山楂、麦芽（泌乳羊不用）各20g，减党参、白术各10g，去大枣；外感风寒者加紫苏、防风、荆芥、白芷各15g，细辛10g，神曲30g；积滞重者加山楂、神曲、麦芽（泌乳羊不用）各30～50g，玉片20g；粪稀薄者加苍术30g，厚朴15g；脾胃虚寒重、口色青、流涎者加丁香10g，干姜20g，藿香15g。第1剂水煎2次，15min/次，2次药液不少于1500mL，候温灌服；第2、第3剂开水冲调，候温灌服，一般服用2～3剂。共治疗230余例，均取得了满意疗效。

【防制】 冬季或产后应加强饲养管理，降低发病率。

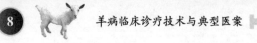

【典型医案】 2008 年 3 月 19 日，宝鸡市温水镇草滩村 3 组张某的 13 只羊发病就诊。主诉：近几天，5 只母羊和 8 只临产羊慢草，精神不振，用开水冲调精料补饲，早、晚各 1 次，2 次/天，0.5kg/(次·只)，效果不明显。检查：全群羊普遍体瘦，5 只产奶羊分别已产后 9～17 天，精神不振，体瘦毛焦，体温 38～39.7℃，呼吸、心律、粪尿均正常，瘤胃蠕动无力，节律不齐，手压瘤胃，呈不同程度的面团状，指压留痕，不能及时恢复，口色青紫，口津滑利，行动迟缓。治疗：对 3 只耳鼻不温、流清涕、偶尔咳嗽的病羊，用香砂六君子汤加紫苏、防风、荆芥、白芷各 15g，细辛 10g，神曲 30g。3 剂，加水煎煮 2 次，取汁候温，分别灌服，700mL/(只·次)。21 日，再取香砂六君子汤加黄芪、神曲各 30g，当归、紫苏、荆芥、防风各 20g。取药 6 剂，共为末，分为 6 份，开水冲调，候温灌服，1 份/(天·只)，痊愈。对另 2 只病羊用香砂六君子汤加山楂、神曲各 30g，枳壳 20g。连用 6 剂，2 剂水煎取汁，候温灌服；4 剂为末，分为 4 份，开水冲调，候温灌服，1 份/(天·只)，痊愈。8 只临产体弱羊精神不振，慢草少饮，粪球粗软、松散，用香砂六君子汤加厚朴 15g，当归 20g，苍术、黄芪、山楂、神曲、麦芽各 30g。取药 16 剂，共为末，分成 8 份，分 2～3 次/(份·只)，开水冲调，候温灌服，1 次/天，痊愈。(金建平等，T159，P56)

瘤胃臌气

瘤胃臌气是指羊采食大量易发酵的饲料，饲料在瘤胃内异常发酵，致使瘤胃产气和排气过程的相对平衡遭到破坏，引起反刍和嗳气障碍的一种病症。

【病因】 由于羊采食了大量易发酵的牧草或谷物，致使产气与排气失衡，引起急性瘤胃臌气。多发生于正在采食当中或于采食后 24～48h，且多在下午或夜间发病，常因窒息而死亡。

【主症】 病羊精神不振，急躁不安，食欲废绝，肚腹胀满，呼吸困难，伸展头颈，反刍和嗳气停止，心音亢进，脉搏疾速而弱，叩诊瘤胃呈鼓音。

【治则】　健脾和胃，理气散结，醒脾止痛。

【方药】

（1）酢浆草（酸酒缸）鲜草 200～250g（为 1 只羊药量），在沸水中煎煮 5～8min，取药汁 200～300mL，加入红糖适量，候温灌服，一般 30～40min 膨气消除。共治疗 30 例，显效 26 例，好转 3 例，无效 1 例。

（2）五香散。丁香 12.5g，广木香 15g，藿香、香附各 17.5g，小茴香 22.5g。共为末，加植物油 250mL，开水冲调，候温灌服。本方药适用于急性瘤胃膨气。

（3）熟猪脂，中等羊 40～50g，灌服。危重病羊服药后应配合瘤胃按摩。共治疗 30 余例，全部治愈。

（4）将 10g 苏打粉装入瓶内，再加入食醋 500mL，混合后即产生大量泡沫，速将瓶嘴从病羊口角插入口内，灌服，一般用药后 6～10min 膨气即可消失。随后再灌服莱菔子 50g，不再复发。

（5）液体石蜡，50～150mL/次，胃管投服。用药后 10～20min 即见显效，若无其他并发症，30min 出现反刍。共治疗 150 余例，均获满意疗效。（丁法林，T35，P45）

（6）陈猪脂（俗称隔年猪墙油），用一块菜叶包裹约蛋黄大小。1 人协助将病羊保定，投喂者左手食指、中指从羊的右口角伸入口腔，轻压舌面，羊口自动张开，同时右手将包有陈猪脂的菜团填入羊口中。羔羊因其体小喉细，可适当减少用量；重症病羊可适当增加用量。

【防制】　加强饲养管理，禁止饲喂霉败变质饲料和幼嫩易发酵饲草，放牧或饲喂青饲料前 1 周，先饲喂青干草或稻草，然后再放牧或喂给青料，以免饲料骤变发生过食而引起瘤胃膨气。严禁雨后放牧或采食有露水的牧草。

【典型医案】

（1）2004 年 7 月 20 日，镇平县侯集镇姜营村姜某的 4 只体重约35kg杂交育肥羊，因过食苜蓿草而发生急性瘤胃臌气就诊。检查：病羊肚腹胀满，呼吸困难，起卧不安，食欲、反刍废绝，嗳气停止。治疗：取酢浆草（鲜草）1kg，水煎取汁800mL，加入红糖200g，候温灌服，200mL/只。服药30min后，病羊腹胀减轻，痊愈。（杨保兰，T144，P65）

（2）1991年11月12日，石阡县龙井乡人群村柴某的8只本地山羊，其中2只体重为30kg左右母羊，因大量采食添加的糠料，于次日发生肚胀来诊。检查：两只病羊精神倦怠，头低耳聋，左肷部突起，按压有弹性，叩诊呈鼓音，气促喘粗，后肢踢腹，反刍停止，体温38.6℃，脉搏88次/min，呼吸54次/min。诊为急性瘤胃臌气。治疗：取方药（2），用法相同。服药1剂，26min后肚胀消失。（曹树和，T117，P27）

（3）淳化县润镇某养羊户的1只羊，因采食嫩苜蓿后左腹部急剧臌起就诊。检查：病羊腹壁紧张，叩诊呈鼓音，呼吸浅表疾速，张口伸舌，眼结膜发绀，骚动不安。治疗：取方药（3），灌服熟猪脂50g，并按摩瘤胃，10min后病羊臌气消失，痊愈。（孙清维，T15，P63）

（4）固原县城关镇养羊户金某的1只母羊，因饲喂霉变粉渣发生瘤胃臌气，口流白沫就诊。治疗：取方药（4），用法相同。10min后病羊臌气消失，反刍、食欲复常。（杨文祥，T37，P19）

（5）2005年8月25日，乐都县雨润镇下杏园村郭某的47只土种绵羊，因偷食了晾晒的小麦，第2天有31只羊因瘤胃臌气来诊。检查：病羊起卧不定，或呆立、拱背，呼吸急促，心率快，结膜发绀，触诊左肷膨大，叩诊呈鼓音，内容物为液体，有明显震荡音，体温38~40℃。治疗：取方药（6），用法相同。服药后约30min，病情好转，第2天回访，全部治愈。（祁玉香，T146，P25）

瘤胃积沙

瘤胃积沙是指羊吞（舔）食大量泥沙积于瘤胃的一种病症。

【病因】 多因饲养管理不善，饲料中严重缺乏矿物质及微量元素，羊舐食泥沙，或早春枯草季节，羊在山坡、沙地放牧，采食过多沙土、泥沙，停滞于瘤胃而发病。

【主症】　病羊神态不安，不食草料，反刍减少或废绝，鼻镜时干时湿，目光痴呆，左肷窝外胀满，屡作排粪姿势，但不排出粪或排出少量混有泥沙、黑色软粪，触诊腹部敏感、躲闪，左下腹部坚硬，听诊瘤胃蠕动音消失，肠音初期增强，后期消失，体温、脉搏、呼吸均正常。

【治则】　健脾胃，排积沙。

【方药】　大黄、厚朴、枳壳、香附各 15g，莱菔子 30g，火麻仁、郁李仁各 50g。加水 1000mL，煎煮至 200mL；再加水500mL，煎煮至 100mL，两次药液混合，加芒硝 40g，候温灌服，1 剂/天。服药 3 剂，可见大量泥沙随粪排出，左肷部柔软。再取上方减芒硝，加炒白术、焦三仙各 20g，槟榔 5g。水煎取汁，候温灌服，1 剂/天。服药 2 剂，病羊精神好转，开始反刍。同时每天用拳头按摩左肷部 4 次，30min/次，按摩时由浅到深，由弱到强，最后由深转浅，由强转弱。5 天后，病羊精神旺盛，采食量基本恢复正常。（孙卜权等，T112，P30）

脾　虚

脾虚是指羊脾胃亏虚、食欲减退的一种病症。

【病因】　由于饲草料品质不良，导致羊脾胃亏虚，水谷不能腐熟，精微不能运化，日渐消瘦而脾虚。

【主症】　病羊精神不振，体瘦毛焦，头低耳耷，四肢乏力，多卧少立，舌苔黄薄，皮温偏低，口凉，鼻端湿润，粪溏稀，瘤胃蠕动音弱，反刍减少。

【治则】　补脾健胃，驱虫。

【方药】　复方健脾散。党参、槟榔各 25g，白术、茯苓、使君子各 12g，山楂 15g，大腹皮、厚朴各 10g，甘草 6g。湿热瘀阻者加黄芩；湿邪下注大肠者加黄连；脾胃湿重者加茵陈；脾胃虚寒、

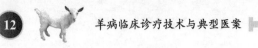

中阳不振者加干姜；湿浊中阻、脾胃气滞者加肉豆蔻；湿困脾阳者加苍术、藿香；气滞腹痛者加木香。加水煎成 50％ 药液，候温灌服，1 剂/天，连服 3 剂。每次灌药后，再灌服花生油 30mL。共治疗 185 例，治愈 183 例。（郑宗赞，T22，P64）

肝经风热

肝经风热是指羊体热毒内化、火毒交织，引起眼睑肿胀、羞明流泪、分泌物增多的一种病症。多发生于盛夏、初秋气候炎热季节。

【病因】 多因圈舍通气不良，饲养密度过大，使热邪伤及心肺，肺之热邪伤及肝，肝受热邪侵袭，外传于眼而发病。

【主症】 病羊眼睑肿胀，双目难睁，羞明流泪，睛生翳膜，舌苔鲜红，口臭，体温升高。

【治则】 祛风清热，清肝明目。

【方药】 防风散。防风、龙胆、蝉蜕、青葙子、柴胡各 15g，荆芥、黄连、黄芩、石决明、草决明、甘草各 10g。共为细末，开水冲调，候温灌服，1 剂/天，连服 2 剂。重症者同时用氯霉素液洗眼。共治疗 57 例，均治愈。

【典型医案】 2008 年 8 月 12 日，普市墨乡中山村李某的 3 只波尔山羊患病就诊。主诉：前天发现 3 只羊流泪，今早眼睑肿大，双目难睁。检查：病羊眼睑肿大，双眼生翳膜，难睁，羞明，舌质鲜红，体温升高，不愿行走。诊为肝经风热。治疗：防风、荆芥、龙胆、蝉蜕各 15g，黄连、黄芩、青葙子、草决明、石决明、柴胡各 12g，甘草 10g。共为细末，开水冲调，候温灌服，1 剂/天，连服 2 剂。第 3 天，为巩固疗效又服药 1 剂，痊愈。（尚恩锰，T169，P58）

胆　胀

胆胀是指羊胆液排泄不畅而发胀的一种病症。

【病因】 由于羊剧烈运动，或暑日炎天，羊强烈运动后出汗，突然遭风雨侵袭，致使汗孔闭塞，内热不得外泄，热邪侵入肝经，继而传于胆而发病（一般肝经发病多涉及胆，因为胆液靠肝脏之精血滋养，故常见肝有热而引起胆胀）。

【主症】 初期，病羊精神倦怠，头低耳耷，耳、四肢发冷，眼睛赤黄，眼睑肿胀，流泪不止，继而拱背夹尾，粪泻如黄浆，呼气短而吸气长。后期，病羊两眼目光痴呆，眼角生眵，喉中呃逆，头垂贴地，泻粪如黑水、腥臭难闻，颈部抽搐，口内灼热，舌色红燥，鼻汗时有时无。

【治则】 疏肝利胆，理气通降。

【方药】 柴胡、菊花、滑石粉、甘草、黄芩、青皮各10g，郁金、草决明、茵陈、龙胆各15g，黄连5g。共为细末，开水冲闷30min，候温加猪胆汁适量，同调灌服（为40～50kg羊日药量）。针灸山根、眼灵、千金等穴。

【防制】 立即停止放牧，将病羊圈养在通风阴凉处，喂给富含蛋白质及多种维生素类易消化的饲料，饮清洁水，忌喂生料。

【典型医案】 2005年7月26日，蓬莱市大辛店镇养羊户迟某的27只波尔山羊患病邀诊。主诉：22日，羊群在山坡上放牧时突遭雨淋，次日发现羊精神不振，不愿吃草，头低耳耷，牵行时不愿走动，用青霉素和链霉素治疗3天后病情反而加重。检查：全群羊皆精神沉郁，低头夹尾，毛焦肷吊，反刍停止，羞明流泪，眼睑水肿，闭目难睁，结膜极度黄染、口津黏稠、气味微臭、口色黄染、鼻镜无汗、鼻流黄白色黏液。有的病羊粪干，粪球上带有黏液或血丝；有的粪稀、形如黄浆，尿短赤，鼻翼翕动，呼气短吸气长，体温39.6～41.6℃。治疗：取上方药，40～50kg羊每天1剂，20～25kg羊每天0.5剂，用法相同。服药2剂痊愈8只，3剂痊愈14只，4剂痊愈4只，5剂痊愈1只，治愈率达100%。（张学新，T139，P70）

胆汁缺乏症

胆汁缺乏症是指羊因患慢性消化不良、翻胃吐草等疾病，引起以胆囊萎缩和无胆汁为特征的一种病症。

【主症】 初期，病羊乏力，喜卧，尤其是夏季喜卧于丛林或沟坎等阴凉处，行走、采食无力，步幅小，放牧时常掉队离群，精神差，反应迟钝，排粪次数多，粪似粥样，消化不完全（饲喂精料后更甚），尿频、量少，母羊发情不明显甚至不发情。随着病情发展，病羊毛焦欣吊，骨瘦如柴，眼结膜苍白，多有眼眵，体温、脉搏、呼吸无明显变化。后期，病羊极度消瘦，脱毛，下痢严重、无腥臭味；行走时步态不稳，体躯摇晃，不能跟群放牧；下颌水肿，心力衰竭，心跳快而弱，100～125 次/min；呼吸浅表而短促，40 次/min以上，体温偏低，咀嚼无力，唇部常被吐出的胃内容物污染，常因误诊和治疗不当而衰竭死亡。

【病理变化】 尸体极度消瘦，血液稀薄、凝固不良，胃内容物少，肠管空虚，腹水增多，胆囊萎缩、无胆汁。其他器官无肉眼可见病变。

【实验室检查】 组织触片镜检未发现致病菌；胃肠及肝内未见寄生虫。

【治则】 清肝利胆，补脾和胃。

【方药】 茵芪建中汤。茵陈、黄芪各 20g，党参、龙胆、白术各 15g，大枣、金钱草、郁金、栀子、五味子各 10g。加水煎煮 3次，取汁混合，候温，分 3 天灌服，药渣切碎灌服。10％葡萄糖液注射液 500mL，10％维生素 C 注射液 20～30mL，维生素 B$_{12}$ 5.0～7.5mg，静脉滴注。

【典型医案】 1990 年 5 月 21 日，威宁县羊场 6-9031 号公羊患病就诊。主诉：近来该羊喜卧，吃草少，腹泻。检查：病羊体温 39℃，心跳 92 次/min，呼吸 45 次/min，粪稀，肠蠕动音弱。用磺胺嘧啶、氯霉素等药物治疗，腹泻停止，但停药 1～2 天后又出现腹泻，如此反复 3 次。6 月 15 日跟群放牧时见病羊行走无力，严重消瘦，结膜苍白，有眼眵，口舌淡白，颌下水肿，脱毛。治疗：10％葡萄糖注射液 500mL，10％维生素 C 注射液 20mL，维生素 B$_{12}$ 5mg，静脉滴注；茵芪建中汤，用法同上方药，1 剂。次日，病羊精神好转，采食量增多。将另 2 份药液连同药渣逐日灌服。第 5 天，病羊病情明显好转，腹泻停止；第 6 天粪成形，水肿消退，采食量恢复。为巩固疗效，再灌服茵芪建中汤 1 剂，痊愈。（任启明，T56，P40）

胃 肠 炎

胃肠炎是指羊的胃肠因受到有害物质的强烈刺激，导致胃肠黏膜及其深层组织发炎，引起以腹泻、腹痛、脱水等为特征的一种病症。

【病因】 多因饲养管理不当、饲喂腐败霉变饲料和有毒植物、灌服刺激性药物、误食农药污染的草料、饮用污水等，直接造成胃肠黏膜损伤引起胃肠炎；营养不良或长途运输，造成机体抵抗力降低，使胃肠道内的条件性致病菌（如大肠杆菌、坏死杆菌等）毒力增强而引起胃肠炎。

中兽医认为，饲养失宜、管理不善、贪食、误饮冷水过量或外感风寒、湿热毒邪瘀结肠道而发病。

【主症】 病羊精神沉郁，神态不安，食欲减退，反刍减少或停止，瘤胃蠕动音减弱，肠音增强或减弱，粪稀薄、呈红白色胶冻样、附有大量黏液、气味恶臭，里急后重，肛门哆开、努责，体温升高，尿短赤，眼结膜潮红，口红，津液黏稠。病程长者食欲减退或废绝，眼球下陷，皮肤弹性降低，排少量带血或黏液粪，甚至停止排粪，心跳加快，脉象虚弱。

【治则】 清热解毒，涩肠止泻。

【方药】

(1) 郁金 15g，诃子、白芍、黄柏、黄芩各 10g，栀子、黄连、厚朴、木通、萹蓄各 8g，滑石 12g。身体虚弱者加黄芪、党参、白术各 18g；不食者加神曲、麦芽、山楂各 25g；粪有脓血者加地榆炭、炒蒲黄、炒侧柏叶各 18g。水煎取汁，候温灌服，1 剂/天。取 10%葡萄糖注射液、生理盐水各 500mL，10%安钠咖注射液、5%

碳酸氢钠各 10mL，5％氯霉素注射液 20mL，混合，静脉注射，1 次/天。共治疗 42 例，治愈 37 例，显效 5 例，治愈率达 88.1％。

（2）红根草颗粒剂。除去红根草（红根草又名狼巴巴草、老鸦嘴，为牻牛儿苗科老鹳草属多年生草本植物——草原老鹳草）中杂质和非入药部分，清洗洁净，阴干，切碎或粉碎成粗粉状。取 1000g 置搪瓷桶（盆）内，加水淹过药面，浸泡 1h，煎煮 3 次（第 1 次、第 2 次各 1h，第 3 次 30min），合并 3 次药液，置水浴锅上浓缩至流膏状，再加淀粉至 1000g，用 75％乙醇调节湿度，充分搅拌均匀，至浸膏成团块，用手指轻按压，团块随着散开成数块为度，过 8～12 目筛即成湿颗粒，将湿颗粒在 40～60℃烘箱内干燥或自然干燥，尽可能将颗粒中水分降至最低限度，迅速装入双层塑料袋内，密封。15～30g/次，灌服，2 次/天。共治疗 127 例（其中羊 105 例），治愈 122 例，治愈率 96.1％。

【防制】　严禁饲喂霉败饲料或饮用不洁的水，羊舍保持干燥，卫生条件、通风良好，及时清理羊舍粪便，定期驱除体内寄生虫。

【典型医案】

（1）2002 年 3 月 21 日，庆阳市熊家庙乡花园村王某的 1 只 1.5 岁母小尾寒羊就诊。主诉：该羊不食草、不反刍，已腹泻数天，曾用氟哌酸、痢特灵治疗无效。检查：病羊精神不振，拱背，反刍停止，腹泻，粪中混有黏液和血液，有时肛门哆开，腹痛，体温 40.3℃，呼吸 45 次/min，心率 90 次/min，口津黏稠，口色红黄。诊为胃肠炎。治疗：取方药（1），用法相同，连用 2 天，痊愈。（传卫军等，T122，P26）

（2）1982 年 3 月 20 日，景泰县红水乡兽医站饲养的 68 只滩羊，有 29 只 2 月龄羔羊（体重约 10kg/只）先后发病就诊。检查：病羊被毛粗乱，食欲减退，精神沉郁，饮水多，频频排粪，粪呈水样、带有黏液、气味腥臭，尿少，鼻镜干燥。诊为肠炎。治疗：红根草颗粒剂，制法、用法同方药（2），10g/次，2 次/天。翌日，9 只羊停止腹泻，其余羊症状减轻。继续用药 2 天，全部治愈。（张承芸等，T89，P24）

肠卡他

肠卡他是指羊的肠黏膜表层发生卡他性炎症，引起以消化功能紊乱、排稀糊样或水样粪为特征的一种病症。

【病因】　原发性肠卡他多由草料品质不良、粗硬、发霉腐败、虫蛀或草料内泥沙太多等，或饮喂失宜、不定时，饲料突变，饥饱不均，久渴失饮，食后暴饮，或饲料过冷过热，或误食有毒植物和灌服刺激性药物，或羊舍卫生不良，或羊寒夜露宿等引起。继发性肠卡他多由胃肠道寄生虫病等引起。

【主症】　病羊精神沉郁，食欲废绝，粪呈稀泥样、气味酸臭、内含未消化的饲料。

【治则】　清热解毒，健脾和胃。

【方药】　山羊角粉 12g，姜粉 5g，食盐 10g。用 300mL 温开水冲调，候温灌服。

【防制】　保证草料质量，饮水要清洁，定期进行驱虫。

【典型医案】　1996 年 4 月 6 日，民和县新民乡千户湾村杨某的 1 只 3 岁母羊，因腹泻十多天邀诊。检查：病羊贪饮，时有轻微腹痛，回头顾腹、慢草，体温、呼吸、脉搏正常，食欲减退。诊为肠卡他。治疗：取上方药，用法相同。7 日下午，病羊腹泻停止，食欲恢复正常。（马登成，T108，P36）

肠套叠

肠套叠是指羊的一段肠管套入与其相连的肠腔内，导致肠内容物排送障碍的一种病症。绵羊发病率较高。

【病因】　由于饲养管理不当，使羊饥饱不均，喜饮冷水，或羊剧烈跳跃、惊吓，或饲养方式改变，营养不良，体质下降，胃肠功能紊乱引起肠痉挛而继发肠套叠。

【主症】　病初 1~2 天，病羊呆立不动，反刍、食欲废绝，肠音减弱或消失，频繁伸腰，后肢用力后蹬，前肢前伸，仰头凹腰如同猫伸懒腰。发病后 3~4 天，病羊腹痛，反应迟钝，伸腰次数减少，精神沉郁，心跳加快，一般达 120 次/min 以上，出现全身脱水和自体中毒现象，可视黏膜发绀，不排粪或早期排极少量的干粪球。

【治则】　活血化瘀，行气宽中，逐水攻下。

【方药】　甘遂 4~6g，大黄、川芎、牛膝各 10~15g，赤芍 15~20g，厚朴、木香各 20~30g。共研细末，开水冲调，候温灌服；或将甘遂研末，其余诸药水煎取汁冲甘遂末灌服。共治疗 5 例，2 例痊愈，2 例好转，1 例由于病程长、脱水严重、自体中毒而死亡。

【典型医案】

(1) 1982 年 4 月 14 日，丰县张五楼公社刘芝楼队张某的 1 只 1 月龄公绵羔羊跳跃后突然发病，于 15 日上午就诊。检查：病羊伸腰频繁，无粪排出，精神差，听诊肠音消失。治疗：甘遂 2g，大黄、川芎、木香、牛膝各 10g，赤芍 15g，厚朴 20g。共为细末，开水冲调，候温灌服。上午 10 时服药，11 时 30 分出现肠音。下午 3 时剖腹检查，发现套叠肠管已展开，肠壁有针尖状出血点，套叠中心点仍清楚可见。下午 6 时 30 分排出稀糊状粪。夜里又多次排出稀粪，饮少量清水，精神好转。16 日痊愈。

(2) 某年 4 月 24 日上午，丰县孙楼公社穆楼生产队穆某的 1 只 3 岁空怀母羊，因吃残剩猪食后突然发病就诊。检查：病羊伸腰，腹痛打滚，起卧不安，排出数粒粪球，听诊无肠音。治疗：甘遂 4g，大黄、木香、赤芍各 15g，牛膝、川芎各 10g，厚朴 30g。共为细末，开水冲调，候温灌服。晚 8 时 15 分灌药，9 时 30 分出现肠音，并排出鸡蛋大的软粪块，夜里又多次排粪。25 日晨，病羊饮少量温水，精神好转，肠音持续不断。26 日痊愈。（张成善等，T7，P48）

肠痉挛

肠痉挛是指羊的肠道平滑肌痉挛性收缩，引起以肠音高朗及间歇性腹痛为特征的一种病症。中兽医称为冷痛。

【病因】 多因天热，羊急饮冷水，或气温骤变，如暑天突然被暴雨淋湿、久雨过后太阳暴晒等，或饲喂冰霜饲料、霉烂腐败不洁的饲料，或牧区剪毛季节，羊常因在阴冷潮湿的地面捆绑时间过长而发病，或继发于肠道寄生虫病等。

【主症】 病羊行走时突然停下，或卧地不起，不时努责，回头看腹。剧烈疼痛时全身出汗，呼吸加快，蹦跳几下后卧倒。如不及时治疗，易继发肠便秘和肠变位。

【治则】 温中散寒，理气止痛。

【方药】 30%安乃近2～4mL，阿托品1～2mL，分别皮下注射；大葱1根，切细，炒盐10～20g，白酒50～100mL，加水（适量）煎煮，取汁，候温灌服；针刺三江、分水、前蹄头、肚口穴。

【防制】 加强饲养管理，不喂冰冻、霉败及虫蛀草料，不突然饮冷水，尤其在早春、晚秋季节或阴雨天气，要注意避免羊群受凉，防止寒夜露宿、汗后雨淋或被冷风侵袭。定期肠道驱虫。

【典型医案】 1998年5月16日，阿拉善左旗播古图苏木牧尼何某给绵羊剪毛，放开后羊起卧不安，倒地滚转，呈间歇性腹痛就诊。检查：病羊口腔湿润，耳鼻发凉，频频排稀软粪，体温37.8℃，肠音连绵不断，心率120次/min，呼吸急促，剪去耳尖无血液流出。治疗：取上方药，用法相同，痊愈。（李国忠等，T103，P23）

羔羊泄泻与痢疾

一、羔羊泄泻

羔羊泄泻是指羔羊在吮乳期以排粪次数增多、泻粪如水等为特

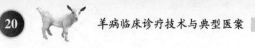

征的一种病症。

【病因】　多因羔羊外感湿热，或饲喂霉败饲料，或过食多汁、滋腻的鲜草料，导致脾失运化，瘀而生热，湿热瘀结肠内，气血相搏，损伤肠道经络，化为脓血，下注成泻。

现代兽医学认为，细菌、病毒、真菌、寄生虫等致病因素侵入肠道，直接刺激胃肠黏膜上的感受器，扰乱胃肠的正常分泌、运动和吸收功能而导致腹泻。

【主症】　病羊精神不振，低头耷耳，食欲减退，被毛竖立、无光泽，腹痛，起卧不安，腹泻，粪如粥状或水样、气味恶臭，有的带血、有的混有未消化的乳块和血样泡沫，污染后躯，腹胀，尿短赤，鼻镜干，舌黄，心跳加快。

【鉴别诊断】　单纯性消化不良引发的腹泻，泻粪色泽常与草料颜色相近，呈灰白色或黄褐色；如粪呈黑褐色或血色，多为大肠杆菌、魏氏梭菌或中毒性致病因素引发，病羊体温升高至 41～42℃；魏氏梭菌感染者 1～2 天死亡，有时无任何症状而死亡；大肠杆菌引起的病程稍长，多因脱水严重、体内代谢紊乱导致死亡。

【治则】　清热凉血，健脾止泻。

【方药】

（1）草乌、苍术、杏仁、甘草、羌活各 80g，生大黄、熟大黄各 160g。各药均炒（其中大黄蒸 30min，晒干再炒为熟大黄）后粉碎，装瓶备用。羔羊 20～80g，灌服，2 次/天，连服 2～3 天。共治疗 14 例，有效率 98.9%。

（2）白头翁、黄芩、黄柏、秦皮、地榆、丹参、泽泻、诃子、乌梅、木香、苍术、牛前子。水煎取汁，候温灌服，1 剂/天，分3～4 次服完；5% 复方氯化钠注射液（或生理盐水）250～500mL，10% 氯化钾注射液、10% 氯化钙注射液各 5mL，安钠咖注射液 0.5g，维生素 C 注射液 1.0g，氢化可的松注射液 0.03g，10% 葡萄糖注射液 250mL，静脉注射，2 次/天；环丙沙星 0.2mL/kg，肌内注射，2 次/天。对输液困难者可灌服补液盐 15～20 包（每包含葡萄糖 4.4g、氯化钠 0.7g、氯化钾 0.3g、碳酸氢钠 0.5g），加凉开水 5000～10000mL，于 3～5h 内分多次服完。

（3）马蔺子。炒黄，与精饲料混合，让病羊自食。必要时将药研细，与面粉（用青稞面）混合，拌成团块喂服，10～15g/kg，2 次/天，连服 3～4 天。共治疗 35 例，其中有 3 只病羊因病至后期死亡，其余均治愈。（安银富等，T28，P48）

（4）针刺疗法。取百会穴，进针 0.5～1.0cm；尾根穴，进针 0.3～0.6cm；尾尖穴，进针 0.3～0.6cm。严重者再配后海穴（进针 1.5～2.5cm）。针刺手法均采取速进速出。1 次针刺不愈者可隔日再针刺。

【防制】　对生产母羊和初生羔羊实行科学饲养管理。坚持防重于治、以防为主的原则，实行中西医综合防制措施，才能有效控制初生羔羊腹泻。

【典型医案】

（1）2004 年 5 月 3 日，湟中县大才乡某村养羊户的 3 头 1 月龄羔羊患病邀诊。检查：病羊精神不振，拱背畏寒，不喜卧，频频腹泻，如水样，粪呈黄绿色，舌苔薄白。治疗：先灌服合霉素、氯霉素、呋喃西林等，再肌内注射氯霉素、静脉注射葡萄糖，连续治疗 5 天未见好转。改用方药（1），40g/次，3 次/天，灌服，连服 3 天。病羊诸症减轻，精神明显好转，食欲恢复。为巩固疗效，再服方药（1）3 天，痊愈。（杨永清，T145，P50）

（2）2004 年 5 月 18 日，白银市养羊户郑某的 20 只 30 日龄、体重 9kg 的母羔羊因患腹泻邀诊。检查：病羊后躯被黄色稀粪污染、气味腥臭，口色赤，口津黏腻，体温 40.7℃。诊为湿热泄泻。治疗：白头翁、黄芩、黄柏、秦皮、地榆、穿心莲各 20g，丹参、泽泻、诃子、乌梅、木香、苍术各 15g，车前子 10g。水煎取汁，候温，分 3～4 次灌服，1 剂/天；给予口服补液盐 18 包，加凉开水 5000～10000mL，饮服，于 3～5h 分多次饮完。连续治疗 3 天，痊愈 17 只，好转 2 只，死亡 1 只。

（3）2005 年 9 月 10 日，白银市养羊户朱某的 30 只 20 日龄母羔羊因患腹泻邀诊。检查：病羊精神沉郁，饮食欲废绝，腹泻，粪带有血液和黏液，体温40.2℃。诊为湿热泄泻。治疗：白头翁、黄芩、黄柏、秦皮、地榆、穿心莲、丹参、泽泻、诃子、乌梅、木香、苍术各15g，车前子10g。1剂/天，水煎取汁，候温，分3～4次灌服；口服补液盐15包，加凉开水5000～10000mL，饮服，于3～5h分多次饮完；环丙沙星0.2mL/kg，2次/天，肌内注射。连续治疗3天，痊愈26只，好转2只，死亡2只。（韩应梅，T148，P60）

（4）1990年7月21日，泗阳县里仁乡钱庄村赵某的2只1月龄羔羊同时患病邀诊。检查：病羊消瘦，排青黑色、糊状、气味腥臭稀粪，口色淡红，喜饮水，食欲减退。诊为羔羊泄泻。治疗：针刺百会穴、尾尖穴、尾根穴、后海穴，方法同方药（4），2次痊愈。

（5）1992年6月25日，泗阳县里仁乡钱庄村方某的1只35日龄羔羊患病就诊。检查：病羊膘情较好，泄泻，少食，粪呈稀糊状、气味腥臭，口色鲜红。诊为羔羊泄泻。治疗：针刺百会穴、尾根穴、尾尖穴，方法同方药（4）。6天后追访，痊愈。（杨育德等，T70，P18）

二、羔羊痢疾

羔羊痢疾是指初生羔羊发生以剧烈腹泻和小肠黏膜溃疡为特征的一种急性毒血症。多发生于7日龄以内的羔羊，其中以2～3日龄羔羊发病较多。

【病因】 本病病原为B型魏氏梭菌，多与大肠杆菌、沙门菌等混合感染。主要经过消化道感染，也可经脐带及创伤感染。母羊妊娠期间营养不良、羔羊体质瘦弱或天气寒冷、哺乳不当、饥饱不匀等诱发。

中兽医学认为，初生羔羊稚阴稚阳，既不能忍受风寒，亦难以忍耐饥饱，尤其脾胃娇弱，极易感邪成患；或湿热疫毒侵犯胃肠，致使脾胃不和，大肠传导失司而成病。

【主症】 初期，病羊精神不振，头低耳耷，发热恶寒，不食，腹痛，腹泻，粪恶臭、如面糊样或稀薄水样，呈黄绿色、黄白色或灰白色，尿短赤。后期，粪带血，两后肢及尾部有多量稀粪黏附，口红燥，舌苔黄腻，脉滑或细数。

【病理变化】　真胃黏膜出血、水肿；肠黏膜充血，空肠、回肠有黄色坏死区，呈豌豆大至黄豆大，外围有充血带，久者溃疡深入肌层，肠内容物由正常到纯血乃至黄色干酪样坏死块；大肠黏膜发炎，肠系膜淋巴结肿胀或出血；肝脏肿大，胆囊充满胆汁；心包有淡黄色积液，心内膜、心外膜出血；肺脏、脾脏未见明显变化。

【治则】　清热利湿，凉血止痛。

【方药】

（1）苦参汤。苦参 2kg，装入大瓷盆，加水 20kg，浸泡24～48h，煮沸 30min，冷却后用纱布过滤取汁；药渣再加水10kg，煮沸 30min 以上，过滤取汁。合并 2 次药液，用文火浓缩至 4kg，装入清洁瓶。10mL/只，喂服，2 次/天。共治疗 31 只，1～2 天治愈 30 只，治愈率 96.8%。

（2）伏龙肝枯矾合剂。灶心土（即伏龙肝，是烧柴草的土灶底部的焦黄土）500g，枯矾（明矾块 50g，放在炭火上直接烧，起初明矾冒泡，要适当翻动，一直烧到不冒泡，呈蓬松、雪白状时取出即可）250g。共研末，加沸水 1000mL，用纱布过滤，取汁候温，20～30mL/只，灌服，1 次/天，连服 2～3 天。共治疗 42 只，治愈 37 只。本方对血粪、抽搐、卧地不起、呻吟者无效。（邢禹效等，T21，P62）

（3）苦豆子根汤。苦豆子根（11 月初挖出、洗净、晒干保存），切成厚约 0.5cm 片，加 5 倍量水，装入大瓷盆内浸泡 48h，煮沸 40～50min，纱布过滤取汁；药渣再加入原药量 2.5 倍的水，煮沸 50min，过滤取汁。合并 2 次药液，用文火浓缩至与原药等量，装入清洁玻璃瓶中密封备用。6～12mL/只，喂服，1 次/天。共治疗 157 只，治愈 152 只，治愈率 96.82%。对病程长、病情严重者，取复方磺胺-5-甲氧嘧啶片（每片含磺胺-5-甲氧嘧啶 75mg，甲氧苄胺嘧啶 15mg）2 片，苦豆子根汤 5～10mL（为 1 只羊药

量），喂服，1次/天。共治疗72只，治愈69只，治愈率为95.83%。（袁世永，T28，P43）

（4）地榆150g，白头翁100g，乌梅50g，山楂20g。加水1500mL，煎煮后取汁500mL，候温灌服，30～50mL/（只·次）。赤痢者加红糖10g；白痢者加白糖10g。病重者早、晚各1次，轻者1次/天。

（5）干瞿麦50g，加水500mL，浸泡30min，武火煎煮20min，过滤取汁300mL。药渣再加水450mL，文火煎煮60min，过滤取汁300mL。混合2次药液，200mL/次，灌服，连服1～2天。共治疗45例，痊愈39例，显效4例，总有效率95.6%。

（6）马齿苋12g，大青叶、白芍各10g，藿香、木香各6g，甘草8g。水煎2次，取汁混合，分3～4次灌服，1剂/天，连服2剂。病初，取5%硫酸镁液30～50mL，灌服；6～8h后取1%高锰酸钾10～20mL，灌服；青霉素、链霉素各40万单位，肌内注射。腹痛、流涎者，取0.05%硫酸阿托品0.2mL，皮下注射；心脏衰弱者，取25%安钠咖注射液0.5～1.0mL，皮下注射；便血者，用适量的止血敏；脱水严重者，取等渗糖盐水50～100mL，静脉注射；有条件者，取抗羔羊痢疾高免血清5～10mL，肌内注射。共治疗36例，治愈31例。

（7）加减承气汤。大黄、酒黄芩、焦栀子、枳实、厚朴、青皮、甘草各6g，芒硝15g（另包）。除芒硝外，其余药加水400mL，煎煮至150mL，取汁，加芒硝，候温灌服，20～30mL/只。6～8h后，改服加减乌梅散；乌梅（去核）、炒黄连、黄芩、郁金、炙甘草、猪苓、诃子各6g，焦山楂、神曲各12g，泽泻6g，干柿饼1个（切碎）。共研末，加水400mL，煎煮至150mL，取汁，加红糖50g，候温灌服，30mL/只，1～2次/天。呋喃唑酮0.5g，磺胺脒2.5g，加水50mL，混合灌服，4～5mL/只，2次/天；盐酸环丙沙星注射液1mL，肌内注射，2次/天。下痢严重者应配合补糖、补液、保护胃肠黏膜、调整胃肠功能等。隔离病羊，尽早治疗，加强护理。

【防制】 加强母羊、羔羊的饲养管理。对母羊要抓好膘情,保证生产体壮羔羊。实行计划配种,避免在寒冷季节产羔。加强对羔羊的护理,脐带一定要严格消毒,产羔后立即把新生羔羊同母羊一起放于单独舍栏内饲养,辅以新鲜清洁的初乳,尽可能使羔羊不要离开母羊,减少发病诱因。

在本病常发地区,产羔后12h内灌服土霉素,0.15~0.2g/只,连服6天;对生产母羊注射羊梭菌病四防氢氧化铝菌苗,于配种前1~2个月或配种后1个月左右注射5mL,经乳汁使羔羊被动免疫,免疫期约5个月。

【典型医案】

(1) 1980年4月,温泉县种畜场3队、前哨牧场4队、十月公社第二牧场,用苦参汤 [见方药(1)] 治疗羔羊痢疾235只,治愈227只,治愈率96.6%。前哨牧场4队,单用苦参汤治疗羔羊痢疾,治愈59只;单用复方磺胺-5-甲氧嘧啶片治疗羔羊痢疾,治愈46只;两药单独治疗1~2次腹泻无好转或加重的14只患病羔羊,与另外17只病重羔羊共31只,每只每次灌服苦参汤5~10mL、复方磺胺-5-甲氧嘧啶2~3片,全部治愈。(袁世永等,T4,P44)

(2) 2001年3月,通辽市科尔沁区大罕镇黄家村李某的58只小尾寒羊,有12只羔羊发生痢疾邀诊。检查:病羊精神不振,不吮乳,下痢,粪呈黄白色或灰白色、气味恶臭、呈面糊状,个别病羊粪中带血,口红,苔黄,脉细。治疗:取方药(4),用法相同。经过3天治疗,12只病羊全部治愈。(朱德文等,T129,P27)

(3) 西吉县吉强镇团结村1组马某的3只羔羊,因排灰绿色带脓稀粪就诊。治疗:取方药(5),1剂/只,水煎取汁,候温,分3次灌服。次日,1只病羊粪带少量的脓汁,继续服药1剂,全部治愈。

(4) 2006年6月18日,西吉县吉强镇沙洼村王某的2只35日龄羔羊,因排脓痢3天,用氟哌酸、环丙沙星治疗无效邀诊。检查:两只病羊体温分别为40.5℃和41℃,呼吸加快,肠蠕动亢进。

治疗：取方药（5），用法相同，连服 2 剂，1 天内服完。第 2 天，病羊痊愈。（王平，T147，P29）

（5）2001 年 5 月 16 日，南召县南河店乡某养羊户的 2 只羔羊，于 6 日龄时相继发病来诊。检查：病羊精神不振，低头拱背，四肢无力，喜卧，不吮乳，粪稀薄如水、呈黄白色、气味恶臭，尾部被稀粪沾污。诊为羔羊痢疾。治疗：取方药（6），用法相同。用药 2 天，病羊不再腹泻，粪呈粥状，精神好转，吮少量乳。效不更方，继续治疗 3 天，痊愈。（魏小霜，T117，P25）

（6）2005 年 12 月 21 日，定西市安定区凤翔镇某羊场的 1 只小尾寒羊，产下的 4 只萨福克杂交一代羔羊全部腹泻邀诊。检查：3 只病羊均精神沉郁，喜卧，粪黄绿色带黏液；1 只病羊粪呈棕灰色、混有血液、气味腥臭，食欲废绝，呼吸急促，严重脱水。治疗：3 只病情较轻者，取呋喃唑酮 0.5g，磺胺脒 2.5g，加水 50mL，灌服，5mL/只，2 次/天，连服 4 天；盐酸环丙沙星注射液 1mL，2 次/天，肌内注射，连用 3 天。脱水严重的另 1 只病羔羊，用 5%糖盐水 100mL，50%葡萄糖注射液 10mL，氨苄西林钠 0.5g，维生素 C 1g，氢化可的松 15mg，安钠咖注射液 1mL，混合，静脉注射，1 次/天，连用 3 天。同时取加减承气汤［见方药（7）］，给 4 只病羊灌服，30mL/只，1 次/天。7h 后，改用加减乌梅散［见方药（7）］灌服，30mL/只，1 次/天，连服 2 天。次日，病羊腹泻好转，4 天后痊愈。（张晓政，T155，P64）

胎粪不下

胎粪不下是指新生羔羊出生后超过 1 天不排粪，或吮食初乳后新生成的粪黏稠不易排出的一种病症，又称新生羔羊便秘。

【病因】 多因母羊体质虚弱，营养缺乏，乳量少，使初生羔羊吮食不到足够的初乳，或羔羊出生后外感风寒或风热，致使邪热瘀结肠腑导致胎粪不下；或羔羊先天发育不良，体质虚弱无力等引起胎粪不下。

【主症】　羔羊出生后1～2天不见排出胎粪，食欲减退，精神沉郁，肠音微弱或消失，经常卧地或不安，弓背努责，回头顾腹，举尾呈排粪状，甚至排粪时嘶叫，时有腹痛剧烈，黏稠粪块堵塞肛门，用手指直肠检查，有黄褐色的浓稠胎粪或硬的粪块，可继发肠臌气，脉搏快而弱。

【治则】　润肠通便。

【方药】　食醋10～20mL。用注射器（不需针头）将食醋缓慢注入病羔羊肛门内。一般注入醋后30～90min见效，如仍不排粪者可再注射1次。冬季需将食醋加温，但不能过热。（胡耀强，T19，P30）

【防制】　产前母羊应减少精料供给，防止乳汁过浓导致羔羊发生便秘；增加母羊和羔羊的运动量，以增强羔羊的抗病能力。

直肠脱出

直肠脱出是指母羊的直肠部分或全部突出直肠外的一种病症。

【病因】　多因母羊体质虚弱，气血不足，缺乏运动而引起直肠脱出。

【主症】　病羊精神不振，站立不安，频频努责；直肠脱出肛门外，脱出的黏膜充血、水肿，甚至干裂、坏死。

【治则】　补中益气，手术整复。

【方药】

（1）参黄红花汤。党参、黄芪、升麻、当归、陈皮、柴胡、白术、香附、红花、乳香、没药、甘草。水煎取汁，候温灌服，1剂/天。

（2）用0.1%高锰酸钾溶液清洗脱出的组织，除去污垢。对脱出时间较长，黏膜组织有瘀血、水肿、发炎或坏死部分，用温生理盐水浸湿药棉或消毒纱布反复热敷，冲洗干净。取2%静松灵注射液5～10mL，注射用水50～100mL，用注射器混合后喷洒于脱出的黏膜表面，10～15min后病羊安静，不再努责，脱出的组织开始

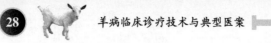

自动收缩。多数病羊可 1 次自动复位，少数病羊因体弱和脱水较重，收缩缓慢，需人工整复。为防止再次脱出，可行肛门结节缝合，或在其周围注射 95％酒精 30～50mL，诱发局部肿胀，起到固定作用。努责严重者，静松灵 3～5mL，肌内注射。对脱出时间长、病情严重、体质极度衰弱病羊可采取综合治疗措施，及时补液并使用抗生素或磺胺类药物。中药可用补中益气汤合生化汤加减。同时要加强护理，防止反复脱出而导致机体衰竭和败血症的发生。（潘英武，T60，P35）

咳嗽与咳嗽

一、咳嗽

咳嗽是指羊因受外邪侵袭，导致肺气不固或脾胃运化失常，引起肺气上逆的一种病症。

【病因】 由于饲喂不当，羊体素弱，卫气不固，气候骤变时风邪、疫毒乘虚侵入，引起肺气失宣，发生咳嗽、流鼻涕。外感咳嗽多为突然发生，病前常有气候骤变降温或厩舍穿风漏雨（雪），或露宿野地，或遭阴雨苦淋等受寒诱因，尤以秋末冬初或冬春之交的乍冷乍热季节多见，有时呈流行性。内伤咳嗽多因饮喂不当，损伤脾胃，致使脾运失常，水湿不化，聚湿生痰，导致慢性痰湿咳嗽，或外感咳嗽失治、误治而日久不愈者。

【主症】 病羊精神沉郁，食欲减退以废绝，咳嗽，流鼻涕，发热，结膜红肿，呼吸加快。外感风寒咳嗽者口呈红色，时冷时热，并有恶寒现象，脉浮数。内伤咳嗽者口色青白，咳嗽低沉，鼻流浓涕，脉沉细。

【治则】 风寒咳嗽宜发散风寒，润肺祛寒；内伤咳嗽宜补肺理气，清肺止咳。

【方药】

（1）风寒咳嗽药用加减消风散。羌活、独活、陈皮、姜半夏、杏仁（去皮尖）、麻黄根、薄荷、甘草各 6g，桔梗、天花粉、紫苏、马兜铃、荆芥各 9g。

（2）内伤咚嗽药用清肺散加减。知母、贝母、天冬、麦冬、天花粉、大黄、栀子各 9g，黄柏、连翘、沙参、款冬花、桔梗、甘草各 6g，瓜蒌、黄芪各 12g，蜂蜜 20g。水煎（不宜久煎，否则会影响疗效）取汁，候温灌服。共治疗 428 例，其中风寒咚嗽 187 例，治愈 186 例；内伤咚嗽 241 例，治愈 240 例。（杨文祥，T43，P24）

二、咳嗽

咳嗽是指羊因外感或内伤，引起以咳嗽、畏寒、鼻塞等为特征的一种病症。多发生于冬春季节。

【病因】　外感咳嗽是多因正气不足，外邪乘虚侵入肺卫，清肃宣降失司而咳嗽。内伤咳嗽多因饲喂不当，脾失健运，聚湿生痰，上犯于肺，或肺肾阴虚，燥热熏蒸而成其患。肺寒咳嗽多因风寒侵袭肺部，肺气壅遏不宣，清肃失常，气道不利，肺气上逆而引发咳嗽。

【辨证施治】　本病分为风寒咳嗽、阴虚咳嗽和肺寒咳嗽。

（1）风寒咳嗽　病羊精神沉郁，畏寒怕冷，咳嗽连声，鼻流清涕，遇热则轻，遇寒加重，唇青舌白，咚声有力，呼吸喘粗，脉洪数。

（2）阴虚咳嗽　病羊精神沉郁，反刍减少或废绝，卧多立少，腰腿无力，咳嗽短促、频数，呼吸喘粗，尿少、色黄。

（3）肺寒咳嗽　病羊精神沉郁，咳嗽，口吐白沫，肺部听诊肺泡呼吸音粗糙，耳鼻及四肢末端厥冷。

【治则】　风寒咳嗽宜疏散风寒，宣肺止咳；阴虚咳嗽宜滋阴补肺，止咳平喘；肺寒咳嗽宜宣肺散寒，止咳化痰。

【方药】

（1）加味二陈理中汤。党参 30g，干姜、白术、半夏、陈皮、杏仁、紫苏子（捣碎）各 25g，炙甘草 20g。加水，文火煎煮，早晚2次，取汁，候温灌服。

(2) 麦味地黄丸合二陈汤。熟地黄30g，山茱萸、山药、牡丹皮、泽泻、茯苓、乌梅、火麻仁（捣碎）各20g，甘草10g。混合，加水，文火煎煮，早晚2次，取汁，加蜂蜜50g，候温灌服，1剂/天。

(3) 花芪止咳汤。花椒5g，黄芪15g，细辛7g，防风、陈皮、茯苓各10g，桔梗、枳壳、炒苦杏仁、半夏、紫苏子、当归、甘草各8g。恶风寒者加羌活、荆芥；咳甚者加五味子；痰多者加芥子；腹胀纳差者加砂仁、神曲等。水煎取汁，候温灌服，连服2～4剂。共治疗40例（其中羊5例），治愈27例，好转11例，有效率95%。(朵存莲，T153，P75)

(4) 三子养亲汤。紫苏子20g，芥子15g，莱菔子30g。肺燥热者加沙参20g，百合15g；脓痰不出者加天花粉15g，桔梗10g；喘咳严重者除加大方药用量外，加款冬花、葶苈子各10g。水煎取汁，候温灌服。

【防制】 加强饲养管理，供给富含蛋白质、矿物质、维生素的饲料；每个圈舍要严格控制羊只数量，防止密度过大；圈舍应通风良好，干燥向阳；冬季保暖，春季防寒，预防感冒；按程序进行防疫和定期驱虫。

【典型医案】

(1) 2007年3月，武山县桦林乡赵坪村杨某的1只4岁雌性小尾寒羊因喳咳不止邀诊。检查：病羊精神沉郁，不思饮食，拱腰挟尾，全身寒战，四肢逆冷，鼻流清涕，唇青舌白，频繁咳嗽，喳声有力，呼吸喘粗，尾脉洪数，体温36.8℃。诊为风寒咳嗽。治疗：加味二陈理中汤，用法同方药（1）。服药1剂，病羊体温回升，四肢俱温，咳嗽减轻；服药2剂，病羊精神转好，食欲旺盛，咳嗽停止，痊愈。(张永祥等，T146，P62)

(2) 2003年6月25日，武山县杨河乡西山村李某的1只3岁甘肃细毛种公羊患病邀诊。主诉：该羊发病30余天，先后三易其医，输液、打针皆不见效，且病情越来越严重。检查：病羊精神沉郁，体瘦毛焦，腰背似弓，卧多立少，起立时腰腿无力，咳嗽频繁，鼻翼翕动，呼吸喘粗，反刍减少，瘤胃蠕动音微弱，尿少色黄，粪干小，体温 40℃，心率 85 次/min，呼吸 38 次/min，舌红无苔，口干无津。诊为阴虚咳嗽。治疗：麦味地黄丸合二陈汤，用法同方药（2），连服 5 剂，痊愈。（陈旭东，T127，P35）

（3）2003 年 9 月 20 日，临猗县孙里村孙某的 52 只绵羊，其中 13 只羊出现程度不同的咳嗽、气喘，鼻流脓性或清而不透明鼻液，食欲减退，有的反刍，有的不反刍。村兽医驱鼻蝇虫、肌内注射消炎止咳药均不见效，又有 11 只羊出现轻微咳嗽。检查：因正值秋季气温渐凉，加之秋雨不断，羊野外放牧时外感风寒，引起风寒咳嗽，肺部聚痰而喘。治疗：三子养亲汤，用法同方药（4）。24 只病羊，5 只服药 3 剂即愈，8 只羊服药 4 剂康复，11 只羊服药 1～3 剂康复。同时对未发病的 28 只羊进行预防，1 剂/只，均收到良好效果。（樊向合等，T151，P48）

热喘症

热喘症是指羊肺经积热，引起以发热、气喘、呼吸困难为特征的一种病症。

【病因】　多因天气炎热，放牧奔走驱赶过急，或圈舍低矮潮湿，空气流通不畅，导致羊肺经壅热，清气不升，浊气不降，痰瘀停滞胸膈，肺气不利，呼吸喘促而发病；喂养失节，正气虚弱，外感热邪，或风寒郁而化热，肺热壅盛，痰热瘀阻，肺气不利而发喘。

【主症】　病羊精神不振，食欲减退，反刍减少，低头张口，咳咳有力，全身发热，气粗喘促，鼻翼翕动，胸腹扩张，粪干燥，尿短赤，口色红，口腔湿润有涎，脉洪数。

【治则】　清热止咳，定喘化痰。

【方药】

（1）扫日浪散。沙参、甘草、紫草茸、草河车各 10g，诃子、川楝子、栀子各 6g。混匀，粉碎，分装。25～35g/只，开水冲调，候温灌服。共治疗 1573 例，治愈 1384 例。

（2）白矾散加减。白矾、白芷、郁金、葶苈子、黄芩各 5g，贝母、大黄、甘草各 3g。水煎取汁，候温，加蜂蜜 100g、鸡蛋清1 个，灌服。共治疗 600 余例，效果显著。

【典型医案】

（1）1993 年 5 月 10 日，乌中旗温更西 4 队宝某的 1 只羊患病邀诊。检查：病羊消瘦，咳嗽连声，呼吸快，粪干，尿黄，舌色微红，舌质绵软。诊为肺热喘咳。治疗：扫日浪散，用法同方药（1），30g/只，1 次/天，连服 2 天。5 天后追访，病羊痊愈。（杜吉娅等，T81，P28）

（2）2004 年 8 月 21 日，蓬莱市刘家沟镇六十里堡村李某的 1只波尔山羊患病就诊。主诉：前几天该羊拴在山上，突降大雨，被雨苦淋后食欲减退，呼吸迫促，现已 3 天，村医肌内注射青霉素、链霉素、卡那霉素，疗效不显著。检查：病羊呼吸喘粗，有时伴有咳嗽，体温 41℃，结膜充血，鼻镜无汗，鼻孔开张，鼻翼翕动，粪干小，尿赤，脉洪数。诊为热喘症。治疗：取方药（2），用法相同。服药 3 剂，病羊热退，喘止，采食逐渐恢复正常。

（3）2004 年 9 月 2 日，蓬莱市刘家沟镇上营村孙某的 1 只 10月龄波尔山羊，由于天气闷热，放牧归途驱赶过急，致使采食量减少，不时恶喘，其他医生用青霉素、土霉素等药物治疗效果不佳邀诊。检查：病羊体温 40.8℃，脉搏 84 次/min，粪干，有时咳喘，诊为热喘症。治疗：取方药（2）加生石膏 100g，用法相同。服药4 剂，痊愈。（韩仁雪等，T133，P49）

支气管炎

支气管炎是指羊因风寒感冒、吸入刺激性气体或患某些传染性、寄生虫性病，引起以咳嗽、喘息为特征的一种病症。

【病因】　多因天气剧变，风寒侵袭，羊舍保暖性差，或雨淋受寒，导致羊呼吸道防御功能降低，使一些常在菌（如肺炎球菌、巴氏杆菌、链球菌等）大量繁殖而发病；羊舍通风不良，有害气体浓度过高，饲草中混有粉尘诱发；或继发于某些传染病、寄生虫病等。

【主症】 急慢性支气管炎兼喘息症病羊，多表现为咳嗽、喘息，鼻孔中有蛋清样黏液，舌苔白、微腻，脉滑或浮滑数，体温一般正常，触诊咽喉、气管敏感，频咳，有清稀黏痰从鼻孔流出，喘息者咽喉、气管有喉鸣音。

【治则】 止咳平喘，清肺理气。

【方药】 止嗽平喘散。桔梗 30g，杏仁 20g，麻黄、荆芥、白前、紫菀、陈皮、百部、紫苏子、当归、甘草各 15g。水煎20min，取汁 500mL，候温灌服，1 次/天；1 个疗程 3 天。急性者同时用红霉素或乙酰螺旋霉素，10 片/次，地塞米松 15 片/次，用温水溶解后灌服，3 次/天；喘息重者加氨茶碱 12 片，加温水灌服，3 次/天；发热者加安乃近片，灌服，或肌内注射安乃近或氨基比林等（以上为 30~40kg 羊药量，可根据羊大小酌情增减）。共治疗绵羊、山羊咳嗽和喘息症 228 例，其中奶山羊 125 只，绵羊71 只，小尾寒羊 32 只，属单纯性支气管炎 111 例、急性 61 例、慢性喘息者 56 例，平均治疗 6 天，治愈率为 98%。

【防制】 加强饲养管理，饲喂多汁和营养丰富的饲料，饮清洁水，圈舍要清洁、通风透光、无贼风侵袭，防止羊受寒感冒。

【典型医案】 2000 年 7 月 14 日，蒲城县上王乡东芋 6 社王某的 3 只奶山羊患病就诊。主诉：3 只羊于 40 天前咳嗽、慢草，10余天后咳嗽加重，当地兽医用中西药治疗 7 天病情好转，咳嗽偶尔发作，今咳嗽复发并加剧，喘息不止，咔咳时从鼻孔中流出大量灰白色痰液，前医治疗 4 天无效。检查：3 只羊体温均正常，触诊咽喉、气管咳嗽连声，拒绝接触，随咔嗽从两鼻孔中咔出大量青白色黏稠液，喘息音数步内可闻及，舌质红，津少，苔白微腻，脉浮滑。治疗：止嗽平喘散。麻黄 18g，荆芥 15g，桔梗 30g，杏仁 20g，白前、紫菀、陈皮、百部、紫苏子、当归、甘草各 15g。水煎取汁

500mL，候温灌服，1 剂/天，连服 3 剂；取 0.1g 氨茶碱 12 片，灌服，3 次/天，连用 3 天。病羊喘息减轻，咳嗽、痰液也显著减轻或减少。效不更方，继用上方中西药。连服 3 剂，病羊喘息停止，无痰液，咳嗽偶尔发作。去氨茶碱，继续灌服止嗽平喘散 3 剂。1 个月后，该羊诸症全息，再未复发。（刘成生，T114，P27）

肾阴虚

肾阴虚是指羊肾阴亏损、阴液不足的一种病症。多见于小尾寒羊种公羊。

【病因】　多因羊先天不足，或后天饲养管理不当，草料单一，营养不良，配种过早、频繁，或久病失治，导使肾阴亏损、阴虚火旺、精气亏损。

【主症】　病羊精神沉郁，消瘦，腰胯无力，腰脊似弓，食欲减退，倦怠多卧，粪干燥，尿赤黄，运步困难，反刍减少，磨牙，口干贪饮，舌红、苔少。严重者食欲、反刍废绝，卧地难起。

【治则】　滋补肾阴。

【方药】　知柏地黄汤加味。熟地黄、山药、泽泻、牡丹皮、山茱萸、知母、黄柏。气虚者加黄芪、党参；虚热盗汗者加胡黄连、地骨皮；咳嗽、口干者加杏仁、天花粉；粪秘结者加郁李仁、火麻仁、蜂蜜；津伤甚者加生地黄、玄参、麦冬。开水冲调，候温灌服，1 剂/天。共治疗 6 例，全部治愈。

【典型医案】

（1）1996 年 6 月 20 日，天祝县职业中学羊场 1 只 3 岁公羊患病邀诊。主诉：该羊发病已半月余，输液、打针治疗皆不见效，且病情加重，上午仅吃少量青草。检查：病羊精神沉郁，消瘦，体温 40.8℃，心率 88 次/mim，呼吸 24 次/min，舌红无苔，口干，咳嗽无力，鼻翼翕动，腰脊似弓，多卧少立，起立时腰胯无力，反刍减少，饮水较多，尿少色黄，粪干小、呈三角形。诊为肾阴虚。治疗：熟地黄、火麻仁各 30g，山药、郁李仁、山茱萸各 15g，牡丹皮、茯苓、天花粉、泽泻各 10g，知母、黄柏各 12g，蜂蜜 30mL。共为末，开水冲调，候温灌服，1 剂/天，连服 3 剂，痊愈。

（2）1997 年 2 月 20 日，天祝县某羊场 1 只 2 岁公羊患病就诊。主诉：该羊患病已 1 月有余，常表现出排粪困难，粪干燥，曾行灌肠术，仅能排出少量的干小粪球。用平胃散、胃肠活、青霉素等药物治疗数次无效。检查：病羊体温 40.5℃，心率 74 次/min，精神倦怠，食欲、反刍废绝，体瘦，腰胯软弱，易出虚汗，粪秘结，尿赤黄，倦怠多卧，后肢站立困难，口干燥、色微红。诊为肾阴虚。治疗：知柏地黄汤加减。熟地黄 30g，山药、山茱萸各 12g，牡丹皮、茯苓、泽泻各 10g，知母、黄柏、生地黄、玄参、郁李仁各 15g，火麻仁 40g。共为细末，开水冲调，候温灌服，1 剂/天，连服 2 剂。病羊出现食欲、反刍、排粪。效不更方，再服原方药 3 剂，痊愈。（贺贵祥等，T100，P34）

尿 不 利

本病是指羔羊尿不利，是以尿量减少、排尿困难或癃闭为特征的一种病症。

【病因】 多因羔羊阴虚、发热、大汗、吐泻、失血等，导致气血化源不足，或肺失宣降、脾虚不运、肾关不利，导致水湿失运，或肺热气壅、热结膀胱、气机瘀滞、瘀腐阻塞水道、肾元虚衰等，导致尿蓄膀胱，排出不利。

【主症】 病羊频频排尿但淋漓难出，触诊膀胱高度膨胀。初期，病羊食欲减退，不时叫唤，患病半天或 1 天后食欲废绝，腹部膨胀，呼吸困难，心力减弱，心动过速，空嚼磨牙。

【治则】 温阳利水。

【方药】 八正散加减。瞿麦、木通、车前子各 10g，栀子、萹蓄各 8g，猪苓 15g。体温升高者加大黄 10g，黄柏、苦参各 6g；尿中有小粒结石者加海金沙 10g，金钱草 8g；腹泻者加茯苓 6g，苍术 8g。水煎取药汁 1 碗，候凉灌服。

【典型医案】

（1）民勤县新河公社西湖 3 队的 1 只 5 月龄绵羔羊，因不食草、时时排尿但点滴难下就诊。检查：病羊卧地不起，心率 160 次/min，呼吸 50 次/min，体温 38.7℃，口腔湿润，空嚼磨牙，腹胀，触诊膀胱高度膨胀。治疗：取上方药加海金沙 10g、竹叶 6g，用法相同，1 剂治愈。

（2）民勤县三雷公社某大队 3 队的 1 只 4 月龄绵羔羊，因夜间叫唤、不食草、不饮水、时时排尿但尿排不出邀诊。检查：病羊营养良好，口吐白沫，不时空嚼磨牙，心跳 140 次/min，呼吸 65 次/min，体温 39.8℃，腹胀，触诊膀胱高度膨胀，疼痛明显。治疗：取上方药加大黄 10g，黄柏、苦参各 6g，用法相同，1 剂治愈。（刘义，T1，P16）

尿　血

尿血是指羊的尿液中混有血液或夹杂血块，临床上以尿液呈红色、静置后有红细胞或凝块沉淀为主要特征的一种病症。

【病因】　由于夏季潮湿、闷热，或长途运输，湿热毒邪侵入心经，传入小肠，下瘀膀胱，损伤脉络，血液外溢，随尿排出而发病。某些传染病、化脓性疾病、胃肠炎、中毒、感冒、营养不良、外伤、机体抵抗力减弱时均可诱发。

【主症】　初期，病羊精神沉郁，食欲减退或废绝，头低耳耷，行走吊腰，喘气，站立不安，行走间突然止步不动，弓腰收腹，排尿困难，有时点滴难出，尿色如红墨水；后期，病羊采食、反刍停止，呼吸迫促，卧地不起，体温稍升高。肾脏型血尿触诊肾区敏感。

【治则】　清热凉血，利尿通淋。

【方药】

（1）小蓟饮子。生地黄 30g，小蓟、滑石各 20g，淡竹叶、藕节各 15g，木通、生蒲黄、炒蒲黄、当归、栀子各 10g，甘草 5g。

血尿严重、弓腰收腹痛苦者加仙鹤草、琥珀、海金沙；排尿困难者加石韦、桃仁、牡丹皮、黄柏。水煎取汁，候温灌服。共治疗20余例，效果良好。

（2）茜草活血散。茜草、炙香附、川牛膝、川芎、车前子、地龙、盐杜仲各25g，补骨脂9g，续断、全当归各50g，木通、赤茯苓各20g。共为末，开水冲调，候温灌服，1剂/天，连服3～5剂；安络血注射液20mL或止血敏15mL，肌内注射，1次/天；5%葡萄糖注射液300mL，青霉素钠1600万单位，氢化可的松150mg，5%葡萄糖注射液200mL，40%乌洛托品注射液40mL，10%磺胺嘧啶钠100mL，分别静脉注射；或5%葡萄糖注射液300mL，百病先锋5g，5%葡萄糖注射液200mL，40%乌洛托品注射液40mL，10%水杨酸钠注射液200mL，分别静脉注射，1次/天，连用3天。（孔宪莲，T43，P63）

【防制】 炎热季节不在烈日下放牧；长期干旱季节应注意补充麦麸、米糠、花生饼、豆饼、骨粉等饲料；冬季应做好防寒保暖工作。

【典型医案】 1973年秋，庆阳市细毛羊繁殖场的3只羔羊突然发病邀诊。主诉：羔羊发病后全部用百浪多息治疗，次日死亡1只，另2只羔羊病势加重，卧地不起。治疗：小蓟饮子加仙鹤草15g，用法同方药（1），连服2剂。次日，病羊血尿减轻，能起立采食；第3天，病羊精神好转，血尿停止。又各服药1剂，以巩固疗效。第5天该羊一切正常，随群放牧。（米国柱等，T6，P35）

尿道结石

尿道结石是指羊的尿道内形成盐类结晶，影响尿液排泄的一种病症。公羊较母羊多发。

【病因】 多因钙磷比例失调，长期饲喂高蛋白质、高磷缺钙的精饲料，饲料中缺乏维生素A，特别是长期饲喂未经加工的棉籽饼，饮水中含镁和盐类较多，或饮水不足，尿液中矿物质处于饱和状态，造成尿液浓缩、结晶而发生结石。

中兽医认为，尿结石属砂石淋范畴，是由于湿热渗入膀胱，肾虚气化不利，湿热蕴结，灼烁津液，使尿中杂质凝结，阻塞尿道，导致砂石淋。

【主症】　初期，病羊疼痛，呻吟，不安，蹲腰踏地，欲尿无尿，尿量减少，排尿次数增多，尿内混有血液。结石增大时，尿呈点滴排出，甚至尿闭；按压腹部可摸到膨大的膀胱，尿闭后膀胱膨胀如鼓，一般4～5天膀胱即破裂。膀胱破裂，尿液流入腹腔，腹围逐渐膨大，形成尿毒症。

【治则】　利尿通淋，排除结石。

【方药】

（1）气压术　横卧保定，使病羊后躯呈半仰卧姿势，两后肢分开保定。用细穿刺针在耻骨前刺入膀胱，排出尿液，穿刺针不取下；术者再将2号穿刺针外套插入尿道孔，2号穿刺针外套后端连接气管，助手可缓慢打气，将结石压入膀胱，此时即有气体从细穿刺针孔排出，尿道畅通。助手动作要轻，不能粗猛，以免损伤膀胱黏膜。接着再行膀胱切开术，取出结石。术后，将病羊置于通风良好、温暖的厩舍内，给予易消化的青绿饲料。取青霉素80万单位，肌内注射，3次/天，连用3天；25%葡萄糖注射液250mL，维生素C注射液适量，混合，静脉注射；生理盐水250mL，40%乌洛托品注射液40mL，静脉注射，连用3次；金钱草、海金沙、鸡内金、滑石、车前子20g，茯苓、猪苓各15g，萹蓄、瞿麦各10g，泽泻、木通、通草各15g。共为细木，开水冲调，加灯心草、竹叶的煎汁和童尿，1次灌服，连服3剂。（刘占发，T2，P49）

（2）加减血府逐瘀汤　柴胡、牛膝、当归、桃仁、赤芍、红花、王不留行、生地黄、金钱草、白花蛇舌草、滑石（先煎）。尿不畅者加海金沙、瞿麦、萹蓄；血尿者加小蓟、白茅根、蒲黄；脾肾气虚者加黄芪、党参、淫羊藿。水煎2次，取汁混合，候温灌服，1剂/天，连服2～6剂。

【防制】　饲料搭配要合理，不能长期饲喂高蛋白质、高磷的精饲料及块根类饲料，多喂富含维生素 A 的饲料；及时治疗泌尿器官疾病，防止尿液潴留；增加饮水量，多饮用洁净水和含矿物质较少的水。

【典型医案】 1998 年 4 月 1 日，天祝县旦马乡白羊圈村赵某的 1 只羯山羊患病来诊。主诉：2 天前，该羊排尿时疼痛不安，不时努责，只排出少量尿液，有时尿中带血，注射速尿注射液后尿液排出，病情好转，但今天又出现上述症状。检查：病羊精神沉郁，体温 40.5℃，口津黏腻，眼结膜充血，排尿时痛苦不安，尿液混浊，淋漓不畅，尿液静置后有沉淀，尿频，尿闭或血尿，呻吟，蹲腰踏地，欲尿无尿。诊为尿结石。治疗：柴胡、牛膝、当归各 12g，桃仁、赤芍、红花各 10g，王不留行、生地黄、金钱草、白花蛇舌草、滑石各 15g，黄芪、党参各 20g，白茅根、萹蓄各 20g。水煎 2 次，取汁混合，候温灌服，1 剂/天，连服 3 天，痊愈，未再复发。（马玉苍，T110，P28）

阳 痿

阳痿是指种公羊配种时性欲减退，阴茎不能勃起，与母羊不能完成交配的一种病症。

【病因】 中兽医认为，阳痿多因元阳不足，命门火衰，精气虚冷；配种过早及配种过频，损伤肾气；饲喂不当，营养不良，水谷精微输布失调，湿阻中焦；久病耗伤肾气，日久则阳虚，阳虚不固表而常自汗，使风、寒、湿邪乘虚而入，耗伤肾之阳气；或阳旺交媾之时忽受惊吓骚扰而气下，造成阳痿。

种公羊和母羊常年混群放牧，用拭情布遮挡公羊阴茎至集中本交配种，导致公羊无性欲。

【主症】 病羊精神萎靡，头低耳耷，四肢欠温，阴部冰凉，体瘦毛焦，拱腰挟尾，腰膝酸软，行走无力，动则汗出，交媾时阳痿不举或举而不坚，口色淡，口津润，舌苔薄白，脉沉细而弱。

【治则】 补肾，壮阳，益精。

【方药】 锁阳、胡桃仁、菟丝子、淫羊藿各20g，枸杞子25g，丁香、泽泻各15g。水煎取汁，候温灌服，1剂/天，连服3剂。共治疗48例，全部治愈。

【典型医案】 2007年11月5日，乌兰县柯柯镇卜浪沟村的2只柴达木绒山羊种公羊，因配种时无性欲来诊。检查：病羊体温38.5℃，呼吸25次/min，心率75次/min，采食正常，精神沉郁。治疗：取上方药，用法相同，连服3剂。同时，改善饲养管理，增加营养。通过上法治疗，公羊性欲旺盛。（杨生勇等，T154，P57）

滑　精

滑精是指公羊未经交配，精液自动滑出的一种病症。多见于波尔山羊种公羊。

【病因】 多因喂养失调，营养缺乏，饥饱不均，导致脾胃虚弱，肾气不足，不能纳精，损伤肾气；或配种过多，肾经衰败，致使肾水不固，精液外泄而滑精。

【主症】 病羊精神萎靡，体形羸瘦，行动缓慢，阴茎经常伸出包皮外面，软而无力，特别在配种时未行交媾精液即自行早泄，或有时看见母羊精液即自行流出，脉象迟细，结膜淡红，口津清利，舌如绵，尿清长。

【治则】 补肾，涩精，滋阴。

【方药】 蒺藜、芡实、莲子各20g，煅龙骨、煅牡蛎、盐炒知母、盐炒黄柏、广木香、骨碎补、山茱萸、甘草各10g。共为细末，开水冲调，候温灌服，1剂/天，连服3剂，间隔3天再服3剂。共治疗57例，治愈52例，治愈率91.2%。

【防制】 停止配种；加强饲养管理，喂以富含蛋白质及多种维生素类的饲料，补充青绿多汁饲料。

【典型医案】 2004年3月26日，蓬莱市潮水镇养羊户耿某的1只波尔山羊种公羊就诊。主诉：近几天，该羊配种时见到母羊未交配精液则自行滑出。检查：病羊体质消瘦，毛焦肷吊，耳耷无神，口色淡红，口津清利，脉象沉细。诊为肾虚滑精。治疗：白针百会穴，留针 2min，1 次/天；将麸皮、食盐、食醋（混合比例 4∶1∶1）炒至 45℃左右，装入布袋内，搭于病羊腰部，30min/次，1 次/天，5 天为 1 个疗程；取蒺藜、芡实、莲子、骨碎补、煅龙骨、煅牡蛎各 10g，知母（盐炒）、黄柏（盐炒）、山茱萸、五味子、甘草各 8g。共为细末，开水冲调，候温，加童尿 25mL，灌服，1 剂/天，5 剂为 1 个疗程，间隔 3 天再进行第 2 个疗程。麦苗，3～4kg/天，分 3 次喂服，连喂 15 天。随后追访，该羊恢复配种。（王廷鸿，T134，P44）

血 精 症

血精症是指公羊的精液中含有血液或夹有血丝、血块，临床上以精液呈红色，静置后有红细胞或凝血块沉淀为特征的一种病症。

【病因】 多因喂养失调，配种过度，正气虚损，致使热邪侵入心经，传入小肠，下注肾与膀胱，损伤脉络，血液外溢随精液排出；或脾虚湿热下注，脾不统血而外溢；或外感湿热后内生湿热，下注于肾和膀胱，湿热互结，迫血妄行，血液外溢而发生血精症。

【主症】 病羊精神不振，食欲减退，被毛粗乱、无光，鼻镜干，弓背拱腰，卧多立少，性欲冷淡、减退，或勃起障碍，舌苔黄腻，脉滑弦等。

【治则】 清热利湿，滋阴补肾。

【方药】 女贞子、墨旱莲各 30g，滑石、山茱萸、炒蒲黄、藕节炭各 15g，泽泻、紫草各 10g，地龙、怀山药各 20g，生地黄 25g，三七 6g。肉眼观察精液呈鲜红色、排尿不利、舌苔黄、脉滑或弦、湿热偏重者加黄柏、炒栀子、木通、琥珀（冲服）；气虚盗汗、舌质红且少苔、脉细数、偏阴虚者加龟甲、熟地黄、阿胶、黄精、仙鹤草、牡丹皮等；血色淡、精神倦怠、性欲冷淡或减退者，或早泄，或勃起障碍、舌质淡白、脉细弱、脾肝肾虚者加芡实、莲子肉、牡蛎、乌药、菟丝子、枸杞子、淫羊藿等。水煎 2 次，取汁混合，候温灌服，1 次/天。

【典型医案】 2001 年 4 月 18 日，商丘市睢阳区观堂乡林场波尔山羊良种繁殖基地孙某的 1 只体重约 70kg、2 岁纯种波尔山羊种公羊患病就诊。主诉：该羊前几天配种后精液呈红色，近日性欲低下，勉强配种时表现早泄，精液带有血丝。检查：病羊精神不振，不时眨眼，食欲减退，被毛粗乱、无光，中等膘情，体温 39.5℃，呼吸迫促，鼻镜发干，有少量清涕，有时有弓背拱腰现象，卧多立少，结膜稍黄染，舌苔黄腻，脉滑弦。人工采精检查，精液混有血液并成丝状。诊为血精症。治疗：女贞子 20g，墨旱莲 25g，滑石、山茱萸、枸杞子、杜仲各 15g，炒蒲黄、紫草、藕节炭、炒栀子各 10g，三七、黄柏、黄芩各 6g，甘草 20g。水煎 2 次，取汁混合，候温灌服，1 次/天。止血敏、复方氨基比林各 10mL，1 次/天，肌内注射。上方各药连用 5 天，痊愈。（刘万平，T132，P46）

溶 血 病

本病是指新生羔羊溶血病，是指初生羔羊在吮食初乳后引起红细胞大量溶解的一种病症。多发生在育种工作不良的种羊场。

【病因】 多因母羊血清抗体与新生羔羊红细胞抗原不合，引起同种免疫溶血性反应。

【主症】 羔羊出生后吮食初乳 1～2 天，逐渐表现出精神不振，不愿吮乳，贫血，黄疸，畏寒震颤，全身苍白；个别羔羊出现血红蛋白尿，气喘，衰竭死亡。整窝羊发病则以吮乳最多的羔羊症状最明显。

【病理变化】 全身皮下脂肪为浅黄色，肌肉发白；肝脏肿大、呈棕黄色，肝腹面上散布有灰白色坏死斑；脾脏亦然；肺脏充血、水肿；肾脏稍肿大、充血或呈土黄色；肠道呈卡他性炎症；膀胱内积聚暗红色尿液。

【诊断】 取母羊血清，梯度稀释至 240 倍；取种公羊血，用

10倍量的生理盐水离心洗涤3次，制成50％红细胞悬液。取红细胞悬液，依次与等量而不同浓度的血清稀释液作平板凝集试验，每隔3～5min观察1次。若发生凝集反应即可确诊为溶血病。抗体效价在1∶16以下为安全范围；1∶32以上属非安全范围。

【治则】　停止吮食母乳，对症治疗。

【方药】　暂停羔羊吮食母乳，改为寄养或人工喂养，待母羊血清或初乳凝集效价降为1∶16以下时方可哺乳。对已吮食初乳的羔羊，用免疫抑制剂硫唑嘌呤，1～2mg/(kg·天)，1次/天，连用2～3天。病情严重者，取25％葡萄糖注射液40mL，三磷酸腺苷2mL（含20mg），维生素C 2mL（含0.5g），肌苷2mL（含100mg），维生素B_{12} 1mL（含50mg），辅酶A 100单位，静脉注射，1次/天，连用2～3天。共治疗43例，治愈35例。

【防制】　对种公羊、种母羊进行严格的选育，对配种后所生的羔羊发生过溶血病的种公羊不宜作种用，改用其他种公羊。对三元以上杂交的母羊，于产前1～2天做血液凝集试验。如果母羊的血清或初乳不发生凝集，所产羔羊方可吮食初乳；若发生血液凝集现象，则羔羊出生后要改为人工哺乳或寄养于其他母羊。母羊初乳要弃掉，第3天再采集母乳与公羊的红细胞作血液凝集试验，直至抗体效价在1∶16以下方可哺乳。

【典型医案】　2000年春，镇平县安子营乡某养羊户有10只土杂母羊（莎能奶山羊与本地山羊杂交后代），均用同一公羊（波尔山羊与亚洲黄羊杂交后代）先后配种，全部受孕。当年10月中旬先后有2只母羊产羔羊4只，初生羔羊一切正常，吮食初乳2天后发病来诊。检查：病羊精神不振，皮肤发白，尿呈茶红色，畏寒颤抖，站立不稳，体温37.6℃。经实验室检验，诊为羔羊溶血病。治疗：立即停食初乳，行人工代养；病重者按上法治疗3天，死亡1只，其余3只病情好转，吮乳、精神恢复正常。另8只母羊相继产羔羊14只，通过寄养或人工哺乳等全部成活。（杨宝兰，T124，P40）

腹　水

腹水是指羊的腹腔内蓄积大量浆液性渗出液的一种病症，又称腹腔积液。

【病因】　多因寒湿困脾，脾失健运，或湿邪凝聚日久，致使肾阳不足，肾阳蒸化水湿失司，或膀胱开阖不利，水湿停聚，或湿阻肺气，肺失肃降，不能通调水道而成其患。

【主症】　病羊精神不振，被毛无光泽，腹部两侧下方对称性增大，腹部肷窝下陷，触诊腹部不敏感，冲击腹壁有震水音，腹腔穿刺液透明或略混浊，色泽淡黄或绿黄。

【治则】　健脾除湿，温阳利水。

【方药】　五苓散加减。白术、茯苓各 10g，猪苓、桂枝、桑白皮、大腹皮、旋覆花各 8g，葶苈子、甘草各 6g。共为末，开水冲调，候温灌服，1 剂/天，连服 4 剂。云门穴断续放出腹腔液体；葡萄糖氯化钙注射液 100mL，乌洛托品注射液 60mL，安钠咖注射液 8mL，混合，静脉注射。

【典型医案】　1987 年 8 月 7 日，杭锦旗林业局马某的 1 只圈养莎能奶山羊患病就诊。主诉：3 天前，该羊腹围明显增大，其他未见异常。当时误认为怀胎儿较多所致。6 月初，该羊生产 1 只体弱羔羊，但增大的腹围未缩小，食欲减退，卧地不能自行起立，日渐消瘦，奶产量约为原来的 1/5，且乳汁清稀、有腥味。检查：病羊体温 40.8℃，脉搏 60 次/min，呼吸 120 次/min，体质瘦弱，被毛粗乱、无光泽，数处皮肤无毛，用手轻抚被毛大量脱落，倦怠懒动，呼吸喘粗，稍加活动喘息更甚，腹胀下垂，触压无痛感，按之如盛水囊、有波动感，尿短少、色黄，结膜红，口色淡，舌颤，脉细数无力。腹腔穿刺有清亮腹水。治疗：取上方中、西药，用法相同；云门穴断续放出腹腔液体 10 余升。3 周后，病羊诸症悉除，精神活泼，饮食和奶量增加，脱毛处已长出洁白新毛。（贾杰等，T32，P27）

中　暑

中暑是指羊遭暑邪侵袭，引起以体温调节功能障碍和全身高热为特征的一种病症。多发生于盛夏高温湿热季节。

【病因】　在气候炎热季节，羊在高温环境中放牧时间过长，或羊舍通风不良、潮湿闷热，长途运输、失于饮水，暑热熏蒸，汗出不畅，热不得外泄，轻者则为伤暑；重则热邪炽盛，由表入里，侵犯心经则致阳暑；暑热烈炎，身热汗出，腠理开张，突受冷风侵袭，或被阴雨冷水浇淋，羊体受寒，毛孔闭合，汗不得外泄，热闭于内则致阴暑。

【辨证施治】　本病分为伤暑、阳暑和阴暑。

（1）伤暑。病羊精神沉郁，身热出汗，头低耳耷，四肢倦怠，步态不稳，呼吸气粗，口色发红，口干喜饮，四肢无力，脉象洪大。

（2）阳暑。一般发病较急。病羊发热，机体震颤，汗出如浆，气促喘粗，皮肤灼热，烦躁不安，前冲乱撞，继而神昏倒地，重者四肢抽搐，口色赤紫，呼吸浅促，脉微弱等。

（3）阴暑。病羊精神不振，头低耳耷，寒战，发热，口干舌红，苔黄腻，尿短赤。

【治则】　清热解暑。

【方药】

（1）伤暑，彻太阳血、鹘脉血、通关血、玉堂血等；药用香薷散：香薷 45g，柴胡、当归、连翘、栀子、黄芩、黄连各 30g，甘草 25g，天花粉 45g，蜂蜜为引。水煎取汁，候温灌服。

（2）阳暑，彻鹘脉血、太阳血、耳尖血、蹄头血等；药用白虎汤加味：生石膏 100g，香薷、知母各 60g，甘草 20g，佩兰 45g，朱砂 15g（另研），郁金、石菖蒲各 30g。狂躁不安者加钩藤、茯神；汗出过多、脉甚微者加党参、麦冬、五味子。水煎取汁，候温灌服（朱砂先灌）。

（3）阴暑，药用香薷饮加减：香薷 60g，金银花、扁豆、滑石、厚朴各 30g，连翘、藿香各 45g，甘草 20g（羊用 1/3 量）。水煎取汁，候温灌服。共治疗 72 例（其中羊 38 例），有效 68 例，治愈 63 例，死亡 9 例，治愈率为 87.5％，有效率为 94.4％。

【防制】　暑热季节应避免羊在烈日下暴晒放牧，放牧要早出晚归，多给清洁饮水。出汗后防止风吹雨淋。羊舍要通风良好，运动场要有遮阴棚。

【典型医案】　2002 年 7 月 30 日，阳谷县金斗营乡胡沙沃村肉羊生产联合社的羊患病邀诊。主诉：由于近一段时间持续高温（38～39℃），饲养的 100 只小尾寒羊有 16 只相继发病，已经死亡 4 只，其余 12 只均不反刍，不吃草，气喘，有 2 只还表现"脑炎"症状。检查：病羊均不反刍，不吃草，身热，气促喘粗，烦躁不安，不愿走动，其中 2 只羊前冲乱撞，另 1 只羊神昏倒地，四肢抽搐，口色赤紫，呼吸浅促，脉搏微弱，体温 41.8℃，心率 119 次/min，呼吸 44 次/min。诊为阳暑。治疗：放鹘脉血、太阳血、耳尖血、蹄头血；用毛巾冷敷头部；取白虎汤加味（剂量用大家畜的 1/3），用法同方药（2），1 剂/天；糖盐水 500mL，生理盐水、5％碳酸氢钠注射液各 250mL，维生素 C 注射液 20mL，10％樟脑磺酸钠注射液 10mL，有神经症状者加甘露醇注射液 250mL，安溴注射液 10mL，静脉注射，连用 3 天。除 1 只羊因津液耗伤过大、元气大伤死亡外，其余 11 只羊均痊愈。（穆春雷等，T120，P32）

癫 痫

癫痫是指羊因遭受内外因子的突然刺激，引起脑功能短暂失调的一种病症。本病具有突发性、反复发作、治疗棘手等特点。

【病因】　原发性癫痫是由内外因子（非传染性）的突然刺激，引起脑细胞发炎、水肿、颅内压升高、大脑皮层功能紊乱而发病。

【主症】　病羊精神恍惚，易惊，嘴无意识地咀嚼，突然发作时如醉似睡，横卧于地，颈向一侧弯曲，强直性、痉挛性抽搐，周身僵硬，知觉消失，磨齿，牙关紧，口吐白沫。

【鉴别诊断】　本病应与鼠药中毒进行鉴别。前者突然发作，持续时间短，发作过后如同健康羊；后者有明显的前驱症状，烦躁不安，不时嘶叫，发作后仍有中毒症状等。

【治则】　镇静安神，解痉。

【方药】　25％硫酸镁注射液10mL，20％磺胺嘧啶钠注射液20mL，分别肌内注射。

【典型医案】　1994年3月26日12时许，淮阳县冯塘乡养羊户朱某的1只3岁经产母羊就诊。主诉：该羊已妊娠90多天，3年来未曾患过病。今日上午放牧途中突然倒地，口吐白沫，约2min后自行站起。检查：病羊膘情一般，精神尚好，体温38.3℃，未见反刍，食欲废绝，约30min后，病羊精神恍惚，易惊，两侧胸部肋间肌群阵发性颤动，嘴无意识地咀嚼，同时突然如醉似睡，倒卧于地，强直性痉挛，全身僵硬，知觉消失，呼吸暂停，伴随抽搐，磨齿，牙关紧闭，口吐白沫，颈向一侧弯曲。经2～3min痉挛症状消失，自行站起，恢复常态。当地山羊鼠药（邱氏鼠药氟乙酰胺等）中毒较为普遍，初步诊为鼠药中毒，经用鲁米那、解氟灵治疗无效，症状没有改善，下午3～5时发作2次，症状如前。根据病史和临床表现分析，诊为原发性癫痫病。治疗：取上方药，用法相同。用药4h，病羊精神稳定，再未发作。翌晨复诊，病羊体温38℃，出现反刍，有食欲。为巩固疗效，继用上方药1次，痊愈，再未复发。（张子龙，T73，P40）

面神经麻痹

面神经麻痹是指羊因面部挫伤、压迫等外力损伤或寒冷刺激，引起面神经干及其分支发生传导功能障碍的一种病症。

【病因】　多因面神经受伤或寒冷刺激所致。

【主症】　病羊饮食欲减退，上、下唇稍下垂，口流涎液，不能用唇采食，颊腔内蓄草，不咀嚼，舌不动，受刺激则恢复咀嚼，脉沉紧。

【治则】　祛风活血，通经活络。

【方药】　侧卧保定病羊，助手将羊头朝上固定。在开关穴（颊部后上方，第三对臼齿后上方即咬肌前缘处，左、右侧各 1 穴）常规消毒，用 9 号针头斜向后上方刺入 2～3cm，刺入咬肌内，注入维生素 B_1 注射液，25～75mg/（次·穴），或硝酸士的宁，1～2mg/（次·穴），1 次/天；用 10%樟脑酒精反复涂擦面神经 10～20min；取人工盐 10～30g，温水溶化，灌服。

【典型医案】　1997 年 11 月 24 日，新疆生产建设兵团哈密农场（本场为高寒区）1 连许某的 1 只成年母羊，因面部受冷水刺激而发生双侧面神经麻痹就诊。检查：病羊食欲减退，颊腔内蓄草不动，口流涎液，人为惊吓恢复嚼草吞咽。治疗：采用上方药疗法，于左、右开关穴内各注射维生素 B_1 75mg/次，1 次/天；用 10%樟脑酒精涂擦面神经 10min；灌服人工盐 30g。第 2 天，病羊吃草时嘴能张开活动，舌能外送口内蓄草，但比较缓慢。在左、右开关穴内注射硝酸士的宁各 2mg；用 10%樟脑酒精涂擦面神经 10min。2 天后追访，病羊痊愈。（张国华，T107，P31）

临床医案集锦

【中寒亡阳证】　1988 年 5 月 6 日晨，杭锦旗畜牧局羊场新购进的 4 只成年奶山羊突然患病邀诊。检查：病羊形体瘦弱，四肢蜷缩，不能站立，浑身寒战，颈部瘫痪，耳鼻、四肢冰冷，体温 35℃以下，腹满，磨牙，呼吸微弱，出气不温，可视黏膜呈青紫色，脉搏细微。诊为寒邪直中引起的阳气欲脱之证。治疗：加味四逆汤，即附子、干姜各 20g，炙甘草、肉桂各 15g，黄芪 50g，党参 30g，水煎取汁，候温灌服，1 剂/只。取 10%葡萄糖注射液 500mL，恢压敏 80mg，静脉注射（为 1 只羊的药量）。用药 1h，病羊症状缓解，能自行站立，但步态不稳。5h 后，将中药重新煎煮取汁，又给每只羊灌服 1 次，痊愈。（赵外生，T33，P57）

【配种后厌食症】 某羊场的 1 只种公羊患病来诊。检查：病羊精神萎靡，食欲减退，结膜潮红、湿润，流泪，口干津少，头低耳奄，舌质软绵，腹部蜷缩，尿短少。随着病情发展，病羊饮食废绝，精神倦怠，口鼻气冷，两耳冰凉，脉弦细。治疗：党参、白术、陈皮、白芍、柴胡、补骨脂、菟丝子各 12.5g，当归 15g，茯苓、薄荷、葫芦巴各 10g，炙甘草 7.5g。共为细末，开水冲调，候温灌服，1 剂/天；或水煎 2 次，取汁混合，候温灌服或胃管投服，1 剂/天。共治疗 4 只种公羊，全部治愈。（黄虎祖，T147，P35）

【继发性真胃炎】 2002 年 5 月 7 日，陕县大营镇城村孙某的 1 只雌性杂交小尾寒羊患病就诊。主诉：该羊于 7 天前患肺炎型巴氏杆菌病，高热，发喘，在当地兽医站治疗 5 天，热退喘平，但仍然不吃草、不反刍。检查：病羊体格高大，体重约 60kg，空怀，外形消瘦，精神沉郁，磨牙，鼻镜干燥无汗，粪干黑，结膜淡红，口干乏津，体温 39.2℃，脉搏 84 次/min，呼吸 28 次/min，瘤胃蠕动音消失。诊为巴氏杆菌继发真胃炎。治疗：海螵蛸 40g，当归30g，贝母、党参各 20g，木香、柴胡、黄芩、陈皮各 15g，延胡索（元胡）、红花、丁香各 10g。水煎取汁，候温灌服，1 剂/天，连服2 剂。糖盐水 500mL，氨苄西林 4g，维生素 C 2.5g，混合，静脉注射，1 次/天，连用 2 天。第 3 天，病羊精神好转，粪尿正常，开始觅草，鼻镜出现细小水珠，但仍不反刍，口色淡，体温38.3℃，脉搏 84 次/min，呼吸 24 次/min。上方中药去柴胡、黄芩，加神曲 30g，连服 2 剂。数月后追访，该羊恢复正常。（姚亚军等，T140，P48）

【鼻渊症】 2004 年 11 月 25 日，鲁山县张店乡宗庄村李某的 5 只奶山羊患病就诊。主诉：5 只羊已病半月，流鼻涕、咳嗽，近 2 天食欲减退，反刍、乳汁减少，其他医生误诊为感冒，注射青霉素、链霉素、鱼腥草、安乃近、灌服磺胺脒、复方甘草片等药物治疗无效。检查：4 只羊体温正常，1 只羊体温略微升高，被毛焦枯，鼻孔周围附有大量浊涕，2 只羊鼻孔下皮肤轻微糜烂，咳嗽时大量黏液状鼻液流出。诊为鼻渊症。治宜祛风通窍，散热醒脑。药用加

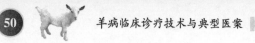

味苍耳散，苍耳子、菊花、桔梗、酒黄柏、贝母、甘草、生姜各10g，辛夷、薄荷、酒知母、白芷各15g，葱白1根为引。水煎取汁，候温灌服，1剂/天或1剂/2天，轻症1～2剂，重症2～3剂。29日，2只羊痊愈，其余3只病羊症状减轻。继服上方药1剂，痊愈。共治疗210例，效果良好。（陈克，T143，P47）

【肝片吸虫引起肝血不足性咳嗽】 1985年6月5日下午，积石山县居集乡养羊户赵某的1只4岁白色小尾寒羊患病就诊。主诉：该羊饮食正常，有时腹泻，咳嗽多日，日渐加重。检查：病羊目光呆滞，被毛粗乱，局部脱毛，行走缓慢，多卧少立，体温39.2℃，脉搏75次/min，呼吸42次/min，瘤胃蠕动3次/min，精神萎靡，眼结膜淡白、水肿，两鼻孔流乳黄色浓稠涕，舌无苔，口干，下颌淋巴结轻度肿胀，下颌间隙轻度水肿，人工诱咳阳性，心音弱，两侧肺泡音粗粝，呼吸稍快，用拳冲击腹腔时有振水音。根据该县肝片吸虫病流行情况及患病羊的主要症状，诊为肝片吸虫引起的肝血不足性咳嗽。治宜驱虫解毒，润肺止咳。药用硝氯酚片3片，灌服；10%葡萄糖注射液500mL，10%维生素C、10%安钠咖各5mL，40%乌洛托品10mL，混合，静脉注射，1次/天，连用3天；百合固金汤加减：熟地黄、麦冬、百合、当归各12g，玄参、黄芩各8g，川贝母10个，白芍10g，杏仁20g，杭菊花4g，石斛、桑叶、甘草各6g，童尿500mL为引。共为末，开水冲调，候温灌服，1剂/天，连服6剂。第7日，病羊诸症减轻。继续服药6剂，完全康复，再未复发。（马正文，T77，P29）

第二章
外 科 病

口膜炎与口疮

一、口膜炎

口膜炎是指羊口腔黏膜或深层组织发炎，引起以流涎、口腔黏膜潮红、肿胀为特征的一种病症。

【病因】 原发性口膜炎多因饲养管理不当，饲料粗糙或混有尖锐物（如木片、玻璃和麦芒、荆棘等）损伤口腔黏膜所致，或因羊体湿热壅滞，热邪上灼熏蒸于口。继发性口膜炎多因某种高热性疾病、内源性感染或因缺乏某种维生素（如维生素 A、维生素 B_6、维生素 B_{12}）等引发。

【主症】 病羊口舌生疮，采食障碍，喜饮冷水，张口伸舌，流涎，口温增高、黏膜红肿。仔细检查羊口腔黏膜，原发性口膜炎有机械性损伤。

【治则】 抗菌消炎，清热降火。

【方药】 冰片 10g，射干、青黛、黄连各 20g，鱼石脂软膏 4

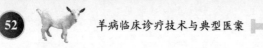

支，青霉素 480 万单位，维生素 B_6 10 片。先将各药（除鱼石脂软膏和青霉素）研成细末，加适量温水浸泡软化，再同鱼石脂软膏与青霉素混合，制成舔剂，用消毒纱布（或棕片）将药包裹扎紧，纱布两端用细绳系于病羊的两角固定，防止吞食，再将药包噙于其口中，让其舔食。（马亿来，T169，P60）

二、坏死性口膜炎

坏死性口膜炎是指坏死杆菌通过损伤的唇部皮肤和口腔黏膜感染，引起羊唇部及口腔黏膜发炎的一种病症。多见于 3～15 日龄羔羊。多发生于潮湿多雨夏季。

【病因】　多因饲喂带刺、过粗饲料，或饲料中缺乏维生素及矿物质，或羔羊乳齿生长期齿龈充血发痒，乱啃乱舔，导致口腔黏膜受损而感染发病。母羊乳房不洁可造成互相传染。产羔棚舍污秽、潮湿、拥挤易导致本病流行。

【主症】　病羊食欲、饮欲减退或废绝，流涎，咀嚼、反刍困难，消瘦。发病初期，病羊齿龈、舌、上颚及颊部处可见坏死性脓肿，破溃后将污秽、粗糙的灰白色伪膜除去即露出不规则、易出血的坏死性溃疡面，内有脓血、气味恶臭。有的病羊仅表现在嘴唇及周围皮肤上，开始出现在唇部皮肤、鼻及眼睑上，随后发展成块形成水疱，破溃后流出浆性褐色渗出物，外表局部形成不同程度的溃疡。

【鉴别诊断】　本病与口蹄疫、水疱性口炎、传染性口膜炎、传染性脓疱进行鉴别诊断。坏死性口膜炎由坏死杆菌引起；口蹄疫、水疱性口炎、传染性口膜炎、传染性脓疱均由病毒引起。坏死性口膜炎在夏季多发、常散发；口蹄疫多在秋冬季节呈大规模流行，范围广，传播迅速；传染性口膜炎、传染性脓疱发病多集中在冬春枯草季节，经常规治疗大多能在较短时间内痊愈，死亡率低；坏死性口膜炎在夏季雨季多发，难治愈，死亡率高。

【治则】　清热解毒，去腐生肌。

【方药】

（1）加味黄连解毒汤。黄连 20g，黄柏 40g，黄芩、栀子、大黄各 30g，芒硝 80g，金银花 50g，连翘 25g，甘草 20g。加水 1500mL，煎煮至 500mL，取汁，候温灌服，15mL/只，2 次/天。同时，将覆盖溃疡面的伪膜用镊子小心除去，用碘酊擦拭后撒布冰硼散（冰片、朱砂各 1g，硼砂、玄明粉各 10g，共研细末）。取 0.1％高锰酸钾溶液冲洗，再用 5‰碘甘油擦拭患部，对外部皮肤用 15％福尔马林溶液仔细涂布，1 次/天，连用 3 天。幼龄病羊，取 0.5％长效土霉素，肌内注射，2 次/天。对完全不食 2 天以上者，取 10％葡萄糖注射液 50mL，10％维生素 C 注射液 10mL，生理盐水 50mL，阿莫西林钠 1g，静脉注射，1 次/天。

（2）黄连解毒汤加味。黄连 3g，黄柏、黄芩、栀子各 8g，金银花、连翘、牡丹皮、生地黄各 7g（为 1 只羊的药量）。水煎取汁，鸡蛋清为引，候温灌服，1 剂/天，连服 2～3 剂。病重者，用黄连 4g，黄柏、薄荷、连翘、天花粉、大黄各 7g，黄芩、栀子、芒硝各 8g，知母 5g，甘草 3g。水煎取汁，蜂蜜为引，1 次灌服，1 剂/天，连服 2～3 剂。取 0.1％高锰酸钾溶液清洗口唇及口腔，清除痂皮和污染物；豆酱（或农家自制干酱、清酱），加适量开水调成糊状，涂布于口唇和齿龈上，连用 3～5 天。病重者，取青黛散加味：青黛、薄荷各 5g，黄柏 4g，黄连、桔梗、儿茶、煅石膏各 3g。共研细末，将药装入纱布缝成的细长袋中，置温水内浸湿后横噙于病羊口中，两端固定，换药 1 次/2 天，吮乳、吃草时取下，吮（吃）完后再噙上，连用 2～3 天。青霉素钾盐 80 万单位，注射用水 5mL，稀释后肌内注射；5％病毒灵注射液 5～10mL，肌内注射。上方各药交替使用，1 次/天，连用 3～4 天。

（3）大黄 100g，水煎取汁 500mL，配成 3％高锰酸钾溶液，涂擦溃疡面，每天早晚各 1 次。脓疱初期、溃疡尚未形成时，用 0.1％高锰酸钾溶液冲洗口腔，减少继发感染；齿龈及口腔黏膜上已形成脓疱溃疡者，用硫酸铜-碳酸软膏或硫酸铜-碘甘油合剂效果较好，一般可缩短病程 1 周左右；7％碘酊，涂擦，1 次/天；维生素 C 0.5g，维生素 B 20mg，混合，肌内注射，2 次/天，3～4 天为 1 个疗程；病重及有并发症者，同时注射抗生素或服用磺胺类药

物进行对症治疗。(梁寿庆，T151，P47)

【防制】 隔离封锁羊舍、棚圈，环境、用具等用5％烧碱溶液、30％草木灰溶液等进行彻底消毒。加强病羊的饲养管理，对采食困难的羊饲喂柔软多汁、富含营养的牧草或灌服富有营养的流质食物，或静脉注射葡萄糖、维生素C、盐水等。无临床症状者，饮用0.1％高锰酸钾溶液，加喂适量食盐，减少羊啃土啃墙，避免创伤感染。

【典型医案】

(1) 2006年8月4日，门源县珠固乡元树村1社马某的43只羔羊，有12只先后发病邀诊。检查：病羊采食困难，流涎，在齿龈、舌、上颚及颊部有不同程度的坏死性脓肿，脓肿破溃后用镊子将表面污秽粗糙的灰白色薄膜除去，露出不规则、易出血的坏死性溃疡面，内有脓血、气味恶臭。根据流行病学和临床症状，诊为幼龄绵羊弥漫性坏死性口膜炎。治疗：隔离病羊；用镊子将患处伪膜除去，用0.1％高锰酸钾溶液冲洗，再用碘甘油仔细擦拭患处，最后撒布冰硼散；加味黄连解毒汤，用法同方药（1），15mL/只，2次/天；长效土霉素0.5g，肌内注射，2次/天。连续治疗3天，除1只病羊因感染较重、尚未恢复外，其他病羊均已痊愈。(张海成等，T161，P65)

(2) 1996年5月13日，华池县赵庄村养羊户张某的35只羔羊，有28只发生口疮邀诊。检查：病羊口唇内外侧、齿龈出现大小不一的红斑，唇部有黄豆大的结节和水疱，口温高，口腔气味恶臭，口流涎沫。其中9只羊病情较重，呆立不动，口唇龟裂，齿龈及软腭出现烂斑和脓疱，牙齿松动，叫声嘶哑，食欲废绝（吮乳、采食停止）。治疗：用0.1％高锰酸钾溶液清洗口腔，清除痂皮、秽垢等污物；用自制的豆酱加适量沸水调成糊状，涂布于口唇和齿龈上，1次/天，连用3天。取青黛、薄荷各5g，黄柏4g，黄连、桔梗、儿茶、枯矾、煅石膏各3g。共研细末，装入小纱布袋内，用温水浸湿后横置病羊口腔内，1次/2天，连用3次。对19只病情较轻的羔羊，取黄连解毒汤加味，用法同方药（2），1剂/天，连服 3 剂。对 9 只病情重的羔羊，取黄连解毒汤加味，1 次/天，连服 3 剂；青霉素钾盐 80 万单位，注射用水 5mL，肌内注射。青霉素、病毒灵交替使用，每天各 1 次，连用 3 天。在治疗的同时，嘱畜主养羊于清净处，喂以柔软的草料；对不能吮乳、吃草的病羔羊喂以米汤和其他糊状食物，防止过度饥饿导致病情恶化；对圈舍、工具、场地及时用 2% 烧碱或 10% 石灰乳和 20% 草木灰溶液多次喷洒或清洗。按上法连续治疗 5 天，病羊患部痂皮开始脱落，脓疱消失，精神好转，食欲增加；第 7 天吮乳、采食正常，跟群放牧。（李志杰等，T99，P29）

三、口疮

口疮是指羊感染口疮病毒，引起以疼痛、流涎为特征的一种病症。

【病因】 多因脾胃湿热内积，热盛化火，火邪循经上攻，或内伤情志，肝气郁结，积久化热，或心火亢盛，火毒上炎熏蒸于口而生疮；脾胃虚弱，中气不足，脾湿郁久而生热化火，阴火上灼而生疮；素体阴虚，阴液耗损，虚火上攻而生疮。

【主症】 初期，病羊食欲减退，低头耷耳，被毛粗乱，精神萎靡，反刍减少，口腔黏膜或舌边有散在、形似钱币大小、被覆脓膜的溃疡灶，周边微红、微肿，疼痛，流涎，严重者进食和饮水困难。有些病羊反复发作。

【治则】 清热解毒，活血祛瘀。

【方药】

(1) 口疮灵散剂。冰片、黄丹各 40g，青黛 30g，硼砂 10g，玄明粉 200g，熟石膏 300g，枯矾 150g，食盐 100g，薄荷片 60 片，黄连素片 6 片。共为细末，混匀，撒布口腔或装入布袋噙于病羊口内，2 次/天，5～10g/次。共治疗 189 例，显效 107 例，好转 76 例，不明显 6 例，总有效率为 96.8%。

(2) 自拟口疮灵。蜂蜜（冬天略加温）250g，冰片 3g，小苏打 30g。混合，调成膏剂（为 3 次药量）。将药膏用单层纱布卷成

10cm 柱状，两端另系约 16cm 长的绷带，令病羊噙于口内，将绷带两端分别固定在羊角上，饲喂、饮水时取下，1 次/天。共治疗 328 例，治愈率 98.8%。

（3）加减凉膈散。黄芩 1500g，栀子、桑白皮、当归、黄芪各 1000g，天花粉 300g，山楂 2000g，玉片、甘草各 500g。加水煎煮 4 次，共取药液 500mL，候温，视羊体格大小灌服，400～700mL/只，剩余药液次日再灌服重症病羊。同时加喂萝卜、精料等。

（4）滑石藿香汤加味。滑石 35g，藿香、猪苓、茯苓、厚朴、陈皮、白豆蔻（后下）、通草、佛手各 12g，黄连、车前子（包煎）各 15g。水煎取汁，候温灌服，1 剂/天。

（5）黄连上清丸（市售），1g/kg，灌服，2 次/天，直至痊愈。共治疗 300 余例，疗效满意。（王华瑞，T66，P37）

（6）口疮散。煅石膏、煅人中白、雄黄、黄柏、生蒲黄、枯矾各 50g，青黛、黄连、冰片各 20g，共为细末，过箩，装瓶备用。取口疮散 50g，加蜂蜜 100g、10%碘酊 50mL，调成糊状。将病羊患部先用 10%盐水（常水加 10%食盐）洗净，除去疮痂覆膜，再涂抹调制好的口疮散糊，2 次/天。一般用药 2～3 天即可痊愈。共治疗 5646 例，治愈 5268 例，治愈率 93.3%。（魏国明，T60，P21）

（7）五灵散。五灵散 250g，马勃 100g，香豆、炒焦青盐各 50g，花椒、冰片各 10g。共为细末，用蜂蜜调成稠糊状，装入白布袋内，两端扎紧，噙于病羔羊口内，绳的两端在病羊颈后打结、固定。吮乳时取下，吮乳后噙上，换药 1 次/天。可根据羔羊病情配合强心、补液、解毒等疗法。共治疗 59 例，治愈 54 例，治愈率 91.5%，显效率为 100%。（安生杰等，T109，P44）

【典型医案】

（1）1959 年 8 月 20 日，安西县疏勒河区某羊场的 7 只羊发生溃疡性口腔炎就诊。检查：病羊体温 37.2～38.2℃，口腔黏膜溃烂，舌体肿大，唇、鼻周围形成厚痂。治疗：用板蓝根注射液和青霉素交替注射，隔离治疗 3 天无效，改用方药（1），用法相同。用

药 2 天，病羊恢复食欲，继续用药 2 天，痊愈。（汪耀宏等，T52，P37）

（2）1996 年 3 月 15 日，古浪县石沟村某养羊户的 7 只羊发生溃疡性口腔炎就诊。治疗：用板蓝根注射液和青霉素交替注射，隔离治疗 3 天无效，改用方药（2），用法相同。用药 2 次，病羊痊愈。（张鹏飞，T95，P26）

（3）2000 年 5 月，中卫县长城农场的 329 只小尾寒羊，其中 40％的羊发生口疮邀诊。治疗：加减凉膈散，用法同方药（3）。用药后，除 3 只病羊死亡外，其余 284 只羊陆续恢复正常。（雍宝山等，T109，P44）

（4）2000 年 4 月 23 日，隆德县沙塘镇许沟村某养羊户的 1 只 3 岁绵羊，因风寒感冒服用适量安乃近及复方新诺明效果不明显来诊。主诉：该羊精神、食欲减退，粪秘结，尿短赤。检查：病羊体温 39.5℃，心率 75 次/min，呼吸 16 次/min，口腔两颊、舌及黏膜多处出现溃疡，舌质红，舌苔黄腻。诊为湿热蕴滞脾胃所致的口疮。治疗：滑石藿香汤加味，用法同方药（4），连用 3 剂，痊愈。（张桔红等，T120，P45）

角膜混浊与角膜翳

一、角膜混浊

角膜混浊是指羊眼睛受外力作用或病原菌感染，引起以角膜混浊为特征的一种病症。多发生于山羊。多见于夏秋季节。

【病因】 外伤性角膜穿孔、挫伤、烧伤等，或病原菌感染，均可引发本病。

【主症】 病羊摇头摆尾，乱撞，不时鸣叫，眼睑紧闭，双目流泪，羞明怕光，不安，眼球温热、疼痛，结膜肿胀、充血，角膜上覆盖一层灰白色较厚的翳膜，表面凹凸不平，粗糙无光，视力减退或失明，内眼角附着脓性分泌物，外观污浊不洁。

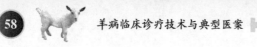

【治则】　清肝明目，消肿退翳。

【方药】　加减决明散。石决明、草决明各25g，生石膏、大黄、栀子各20g，黄连、黄药子、白药子各18g，郁金、没药、白蒺藜、木贼、防风、茵陈、黄芪、黄芩各15g，胆汁10mL（为10～15只羊药量）。水煎3次，取汁混合，灌服，100～150mL/（只·次），1次/天。亦可碾为细末，开水冲调，候温灌服。

【典型医案】　1972年8月12日泾川县农具厂羊场的45只山羊和1981年9月飞云乡老庄村薛某的16只山羊，均在炎热暑夏，突遭暴雨淋袭，或放牧于阴雨天而发病邀诊。主诉：发病羊摇头摆尾，乱撞，不时鸣叫，眼睑紧闭，双目流泪，羞明怕光，多挤于阴暗处，拒绝采食，1～2天内全部发病。检查：病羊眼球温热、疼痛，结膜肿胀、充血，角膜上覆盖一层灰白色较厚的翳膜（即角膜混浊），侧面观其表面凹凸不平，粗糙无光，轻者亦有片状黯团遮睛，视力减退，多数失明，内眼角、睫毛上附着脓性分泌物，外观污浊不洁，鼻孔亦有黏性涕液悬挂。全群羊食欲减退，反刍减少，不能正常采食，多挤于阴暗处或在墙壁上不停擦拭患眼，6～8月龄小羊表现更甚；体温基本正常，最高者为40.5℃。诊为角膜混浊。治疗：取上方药，用法同上。多数病羊服药2次症状基本消失，3次痊愈；少数病羊需服药4次。（王积昌，T16，P50）

二、角膜翳

角膜翳是指羊的眼睛角膜发炎，引起以角膜生翳、云翳遮睛为特征的一种病症，多见于一侧眼睛。

【病因】　多因气候炎热，暴晒时间过长，或饲喂精料过多，内伤料毒，缺少饮水，热积于胸，传于肝，肝邪上冲于眼，或机械损伤，毒邪侵入，气血瘀滞，使角膜发生云翳，遮蔽瞳孔，或体质虚弱，肾水亏虚，不能涵木，虚火上扰风轮而发病；外伤（鞭伤、撞伤）或化学物质刺激，某些传染病亦可诱发本病。

【主症】　病羊羞明、流泪，结膜充血，角膜混浊或形成不透明瘢痕（角膜翳）。初期结膜潮红、肿胀、充血，伴有浆液性分泌物，角膜隆突，周围血管充血，眼睑颤抖或闭合，羞明流泪，多眵难睁，睛生云翳，遮蔽瞳孔；继而结膜和瞬膜红肿，眼分泌物增多、黏稠，上下眼睑被黏稠的分泌物粘连，强行掰开可见角膜中央严重、周边越来越轻的扩散性混浊。后期分泌物消失，角膜完全混浊，干涩。

【治则】 清热解毒，消肿退翳。

【方药】

（1）鸡蛋油。取洗净擦干小瓶1个，装入冰片少许（按1个蛋黄出油3mL，加冰片0.5g计）。将鸡蛋置锅内煮熟，取蛋黄于饭勺内捣烂，放在火上炒，并用筷子不断翻搅，使蛋黄逐渐由黄褐色变成棕色，再到黑色方能出油，趁热将油倒入已准备好的瓶子里，盖紧瓶盖，候凉，点眼，3次/天。将病羊系养在避光处，多喂给青草。（蔡秀英，T58，P45）

（2）龙胆泻肝汤加减。龙胆、黄芩、栀子、当归、生地黄、车前子、柴胡各10g，泽泻、木通各7g，甘草5g。共为末，开水冲调，候温灌服。

（3）眼底封闭。取5%普鲁卡因3～5mL，青霉素20万～40万单位，或氢化可的松3～5mL。站立保定病羊，助手两腿紧紧夹住病羊颈部，两手紧紧握住羊耳，术者在颞突背侧1cm处刺入针头，针端直刺对侧额骨角突，针头由小平面稍向下至蝶骨，视羊大小针刺深度为3.0～4.5cm，可沿框上突后缘刺向眼球后方，缓慢注射药液。

【典型医案】 1998年8月29日，枣庄市徐庄镇苇湖村曹某的17只山羊患病邀诊。主诉：由于经常在荒山上放羊，时值炎热暑夏，羊无处躲避阳光又缺少饮水，出现摇头摆尾，乱撞，不时鸣叫，眼睑紧闭，流泪，羞明怕光，多挤于阴暗处，离群，不采食。检查：病羊体温39.8℃，结膜潮红、肿胀、充血，有浆液性分泌物，角膜隆突，羞明流泪，多眵难睁，上下眼睑被黏稠的分泌物粘连，强行掰开，角膜覆盖一层灰白色较厚的翳膜，睛生云翳，遮蔽瞳孔，呈玉石状。治疗：0.5%普鲁卡因3～5mL，青霉素20万～

40 万单位，于眼底封闭注射。龙胆泻肝汤加减，用法同方药（2），连服 2 剂。1 周后追访，病羊痊愈。（左士菊，T138，P49）

乳房瘘管

乳房瘘管是指羊的乳房肿胀或创伤，导致疮口溃烂，久不收敛而形成瘘管的一种病症。

【病因】　多因羊的乳房肿胀、创伤或手术损伤，形成瘘管。

【主症】　病羊精神倦怠，食欲减退，乳房瘘管与周围健康组织边缘清晰，瘘管周围组织肥厚，初期潮红，后期灰暗，管口被乳汁或其他杂物污染并有结痂，乳汁从痂缝中流出，清除结痂可见边缘清晰的瘘管，管内组织潮红，用力挤压乳房，乳汁从瘘管中呈喷射状流出，触摸瘘管两侧可摸到管状物。

【治则】　补中益气，去腐生肌。

【方药】　生黄芪、当归、白术、陈皮、升麻、党参、甘草、柴胡、蒲公英、金银花。肿块硬者加穿山甲片；粪干燥者加大黄；乳汁从瘘管流量多、自汗者生黄芪、升麻加量；疼痛重者加乳香、没药等。水煎 2 次，取汁约 300mL，候温灌服，1 剂/天（外贴去腐生肌药膏疗效更佳）。瘘口外敷疮疖膏（人用）。在治疗中不使用回乳药，羔羊可照常吮乳。共治疗乳腺炎术后奶瘘 5 例，服药最少者 9 剂，最多者 16 剂，均治愈。

【典型医案】　2009 年 9 月 25 日，隆德县好水乡红星村黄某的 1 只奶羊患病邀诊。主诉：该羊生产已 21 天，因左侧乳房肿胀、化脓行切开术，但创口久不愈合，从创口流出乳汁和脓血已 15 天，发热，食欲减退，消瘦，精神倦怠，曾用断乳药及抗生素等药物治疗无效。检查：病羊精神沉郁，乳房左侧上方有 10cm×6cm 肿块、边界清晰、色微红、疼痛拒按，乳房下方有两处瘘道，腐肉外翻、呈紫暗色，乳汁从创口外流，左胸腹部潮红，皮疹成片，脉弱。诊为奶瘘、乳痈。治疗：生黄芪、蒲公英各 25g，当归、升麻、党参、穿山甲各 15g，白术、陈皮各 10g，甘草、柴胡各 7g，金银花

20g。水煎取汁，候温灌服。外贴疮疖膏。用药 4 天，病羊乳房肿块缩小，疼痛减轻，瘘管乳汁外流明显减少，皮疹消失。继续服药 5 剂，乳房瘘管愈合，肿块消失。（陈军民等，T165，P69）

创　伤

创伤是指外力或机械因素造成羊组织损伤，引起以功能障碍为特征的一种病症。

【病因】　主要由锐性外力或钝性机械性外力所致。多因羊角相互顶撞、蹴踢、猛跳等外伤引起；或因锐器的切割、穿刺，钝器的冲撞或压轧，过度的牵拉等，引起皮肤、黏膜及其下方组织遭到破坏而形成创伤。时间过久或处理不当，则引起化脓感染，形成化脓创。

【主症】　病羊局部肿胀、疼痛、出血、损伤，功能障碍。

【治则】　活血化瘀，消肿止痛。

【方药】

（1）伤口消毒后撒上研成细末的适量白糖，并进行包扎。白糖细末用于烧烫伤时，加少许冰片和适量炒黄的猪鬃细末，混匀，用香油调成糊状，涂抹患处。用药 1 天止痛、2 天消肿、3 天结痂、7 天痊愈。共治疗 35 例（含其他家畜），治愈 34 例。（秦连玉等，T57，P41）

（2）花椒油。花椒 1 份，胡麻油 4～5 份。将成熟的花椒果实除净果柄、杂质、椒目，晒干（或焙干），制成细粉，过箩，去壳渣，储存于密闭容器中备用。选用新鲜、清亮、洁净的胡麻油。按花椒粉与胡麻油的比例分别称取所需量。将油煎沸后离火，候凉 10～15min，待油温降至 75℃时将花椒粉慢慢加入油中，用玻璃棒搅拌 5～10min，置阴凉处，冷却后装瓶盖严。使用时摇匀。

将创伤或已化脓的疮疡切开排脓，行一般外科处理。对深部创（脓）腔，用脱脂棉或消毒的纱布条浸透花椒油，填满创腔。对浅表创伤，用药棉浸花椒油敷贴在创面上，再用纱布或绷带包扎固

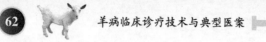

定。本方药适用于一切开放性创伤、化脓性疮疡、动物咬伤、去势创伤、阴囊风痒、阴痒、皮肤及四肢下部皲裂、子宫脱出、阴道脱出、直肠脱出、口舌生疮等外科诸症。

共治疗 452 例疮疡外伤，效果满意；治疗狼咬伤 27 例，均痊愈；治疗去势创伤数百例（在阴囊创腔内滴入适量花椒油，则创口闭合延迟，便于排液），不发生肿胀，愈合快。（杨总华，T35，P42）

（3）冰椒油。红辣椒去蒂，除尽椒仁，将椒尖向下，椒内 3/4 空隙装等量的冰片、白矾、黄蜡粉，1/4 空隙灌进新芝麻油，镊住辣椒，点燃椒尖，徐徐滴油于酒盅内，立即使用或冷凝密封备用。患部平坦者，用干净毛刷蘸热冰椒油涂擦；患部有深痕或瘘管，先用 0.1% 过锰酸钾溶液或 3% 双氧水洗净，再按创腔大小灌入适量（5～10mL）冰椒油，1 次/（1～3 天），轻者 1 次，重者 3 次。本方药适用于各种溃疡、褥疮、蹄角质崩裂等。（李成斌，T15，P58）

风湿与湿疹

一、风湿症

风湿症是指风、寒、湿邪侵袭羊体肌肉和关节、肌腱等，引起以关节、肌肉功能障碍为特征的一种病症。

【病因】　多因羊舍潮湿、阴冷、通风不良，或羊体受贼风侵袭、大雨淋浇，风、寒、湿邪侵袭肌肉、关节、肌腱而发病；饲料搭配不当，体内产酸过多等均可引发本病。

【主症】　病羊四肢僵硬，行动、站立困难，关节肿大。急性者则突然跌倒，卧地不起。颈部风湿则头偏向一侧，颈部不能自由运动。肌肉风湿则患部肌肉发硬。

【治则】　祛风除湿，强筋健骨。

【方药】

（1）鸡粪 200g，瓦上焙黄，研末；桑枝 1 把，水煎取汁；黄酒 150mL。混合，1 次灌服，1 剂/天。

（2）乌蛇散。乌蛇、地龙各 40g，木瓜、牛膝、威灵仙、醋炒延胡索各 30g。共研细末。体重 30～40kg 的羊分 3 天喂服，10～20kg 的羊分 4 天喂服。共治疗腰胯风湿症 15 例（含猪），均获痊愈。（郭建秀，T3，P11）

（3）蠲痹汤。羌活 20g，酒当归 30g，炙黄芪 40g，姜黄、赤芍、防风、生姜各 15g，甘草 10g，大枣 10 枚。水煎 2 次，取汁混合，1 次灌服，1 剂/天，连服 3～5 剂。共治疗急性肌肉风湿症 28 例，其中小尾寒羊 15 例，波尔山羊 13 例，治愈 26 例，总有效率达 93％以上。

（4）蠲痹汤。羌活、独活、桂枝、秦艽、当归、炙甘草、桑白皮、海风藤、乳香、木香各 10g，川芎 1.5g。风偏盛者重用羌活，加防风；寒偏盛者加制川乌、细辛；湿偏盛者加防己、薏苡仁。水煎 2 次，取汁混合，1 次灌服。

（5）选抢风、膊尖、膊栏、肾俞、肾角、大小胯、汗沟、百会等穴，用交替针刺方法，每天取 4～5 个穴位，施以温针。共治疗 9 例，痊愈 8 例。

【防制】 羊舍保持干燥，冬季应保温；遇到连续阴雨天气时，除了特别注意圈舍干燥外，还应尽量能够使羊运动。

【典型医案】

（1）南召县一中王某的 1 只奶山羊，因腰腿风湿、难以站立邀诊。治疗：用强的松龙、保泰松治疗 4 天，仅见病羊后肢跛行减轻。取方药（1），用法相同。用药 2 天后，病羊腰腿灵活，行动如常。（薛可富，T2，P46）

（2）2000 年 9 月 10 日，河南省某种羊场的 1 只 2 岁小尾寒羊患病就诊。主诉：该羊前天晚上没有发现异常，第 2 天早上卧地不起，食欲、反刍废绝，全身肌肉震颤。检查：病羊体温 39℃，全身肌肉震颤，强迫站立则身体倒向一侧。诊为急性肌肉风湿症。治疗：蠲痹汤，用法同方药（3），1 剂/天，连服 3 剂，痊愈。（陈功义等，T122，P21）

（3）1978 年 9 月 10 日，郑州市郊区阎庄五队李某、黄堂三队黄某，各用架子车拉来 1 只绵羊就诊。主诉：两只羊在前一天晚上无异常，饲养于室外，翌晨羊卧地不能起立，四肢不灵活。检查：2 只羊体温分别为 39℃、39.5℃，脉搏 70 次/min、80 次/min，呼吸 30 次/min、35 次/min；强迫站立时身体向左偏斜，触诊时 2 只羊左侧肌肉震颤和敏感性增强；可视黏膜轻度潮红，舌苔白腻，微布津液；对眼睑及两耳作反射试验无明显异常，且口不紧，咀嚼咽正常。诊为左侧急性肌肉风湿症。治疗：两只羊均取水杨酸钠和蠲痹汤，用法同方药（4）。黄某的羊在蠲痹汤中加防风、薏苡仁、牛膝、延胡索，同时温针百会穴与左侧抢风穴、膊尖穴、大胯穴等。11 日上午，两羊已能站立，但步态强拘。继用方药（4）。12 日，两只羊站立较稳，行走时身体向一侧倾斜，但不轻易卧下，体温分别为 38.7℃、38.9℃，呼吸、脉搏基本复常。继用方药（4），针刺膊栏、乘重穴。13 日，两只羊体温分别为 38.6℃、38.7℃，食欲、反刍恢复正常。按方药（4）又治疗 1 次，痊愈。（盛建华等，T31，P48）

二、湿疹

湿疹是指羊皮肤表皮发生急性或慢性炎症，引起以皮肤丘疹、水疱、脓疱、奇痒等为特征的一种病症。一年四季均可发生。

【病因】　常因皮肤不洁、被毛积蓄污垢、阴雨潮湿、强阳光照射等，使皮肤受到刺激；或采食发霉变质饲料引起过敏性湿疹；使用化学物质不当，直接刺激皮肤等诱发湿疹。

【主症】　根据湿疹炎症性质、程度，临床上可分为 4 个阶段，即皮肤表面局部充血、肿胀、湿润为红斑期；皮肤乳头层发炎，有硬结节且突出皮肤表面为丘疹性湿疹；表皮下有透明渗出液并形成水疱为水疱性湿疹；水疱内有脓液为脓疱性湿疹。无论何种湿疹，病羊均表现奇痒，常摩擦、脚踢、啃咬患部，致使被毛脱落，食欲、体温正常。

【鉴别诊断】　本病应与疥癣、风疹块、皮肤瘙痒症、晒斑进行鉴别诊断。疥癣是由疥癣虫引起的，临床症状和痒觉的摩擦与湿疹相似，但将患部渗出液涂片镜检，疥癣可见大量疥癣虫，湿疹则无。风疹块是由食物中毒或涂擦皮肤刺激剂直接引起发炎，常在背部、腹部发生黄豆或指头大的紫色疹块，高出皮肤，风疹发生快，消失也快，同湿疹一样有奇痒（风疹取韭菜适量，在火上烤软，趁热涂擦患部，10min/次，间隔20min，再擦1次，连擦3次。如是风疹，疹块逐渐消失，痒觉减轻；若是湿疹则无效）。皮肤瘙痒症没有湿疹的潮红、充血、水疱、脓疱等症状，只有与湿疹相似的瘙痒症状。晒斑临床只有强烈照射的疼痛，没有奇痒的表现。

【治则】　洁净皮肤，祛风止痒。

【方药】

（1）木菠萝黄叶2份，大叶桉黄叶1份，芭蕉黄叶1份，洗净，晒干，放入锅中烧成灰，研末，筛去粗片，粉末重研，过筛成细粉，装瓶备用。先用0.1%高锰酸钾溶液清洗患部，把皮肤污垢和坏死组织除去，再用3%明矾溶液冲洗多次，使患部清洁干净，揩干，撒上木菠萝叶合剂。轻症一般用药2～3次，重症4～6次。共治愈5例。（黎德明，T133，P37）

（2）雄黄、枯矾各等份，共为细末，过筛，装瓶备用。患部流出黄色液体者，撒布药粉直至表面无渗出液，结痂后再用纯芝麻油将药粉调成糊状涂擦。患部表面有干痂者，先将干燥的痂皮除去，再撒布药粉，2～3次/天，隔天换药1次，直到痊愈。共治疗湿疹11例，无名肿毒2例，均收到满意的效果。（付泰等，T142，P22）

【防制】　应经常保持羊的皮肤、被毛清洁；保持厩舍清洁，通风良好；预防刺激源。

惊　瘫

惊瘫是指羊因受到剧烈惊吓，引起以卧地不起为特征的一种病症。

【病因】　多因羔羊受到过度惊吓所致。

【主症】　病羊精神高度紧张，呼吸迫促，眼结膜潮红，惊恐不安，精神恍惚，全身抽搐，后躯、背部等多处有创伤，卧地不起，饮食欲废绝。

【治则】　活血化瘀，定惊安神，疏肝理气。

【方药】　创口用生理盐水冲洗，清理瘀血、渗出物及污物，撒布抗菌消炎药物后缝合。取血府逐瘀汤加减：当归、生地黄、川芎、赤芍、柴胡、钩藤、酸枣仁、桔梗、桃仁各 25g，红花、枳壳、牛膝各 20g，甘草 15g。水煎 2 次，取汁混合，灌服，每天早、晚各 1 次。10% 葡萄糖注射液 150mL，肌苷注射液 18g，辅酶 A 15g，三磷酸腺苷 2mL，静脉注射；生理盐水 100mL，头孢唑啉钠 2.5g，静脉注射。预防继发感染，取生理盐水 100mL，磺胺嘧啶钠 20mL，静脉注射。预防革兰阴性菌及链球菌感染，取生理盐水 100mL、硫酸镁 10mL，静脉注射。缓解精神紧张，取生理盐水 100mL、5% 碳酸氢钠注射液 40mL，静脉注射。

【典型医案】　2004 年 10 月 15 日，临夏市小尾寒羊繁育中心的 1 只成年母羊，因被犬咬伤，后躯、背部等多处形成创伤，卧地不起，饮食欲废绝就诊。检查：病羊精神高度紧张，呼吸迫促，眼结膜潮红，惊恐不安，精神恍惚，全身抽搐，后躯、背部等多处有创伤，卧地不起，饮食欲废绝，心率 116 次/min，呼吸 60 次/min，体温 39.7℃，人工扶助站立后随即倒地。诊为因犬咬伤、过度惊吓所致的惊瘫。治疗：取上方药，用法相同。首次治疗后，病羊精神稍有好转，惊恐稍缓解，心率 90 次/min，呼吸 30 次/min，肌肉震颤减轻，有食欲，饮水少许，但仍不能站立。次日治疗后，病羊症状明显减轻，呼吸、心律接近正常，食少量青草，饮水量增加，人工扶助勉强能站立，仍不能行走。治疗 3 天后，病羊精神、饮食欲、呼吸、心律、体温等恢复正常，能站立行走，创伤愈合，行动自如。（杨永孝，T155，P72）

腐蹄病

腐蹄病是指因坏死杆菌侵入羊蹄，引起以蹄质变软、溃烂、化脓为特征的一种病症。多发生于潮湿多雨季节。

【病因】 由于运动场潮湿，羊长期站立于湿地、污泥和粪便中，病原菌通过损伤的皮肤侵入蹄部而发病；饲养密度过大，羊相互踩踏，或草料中钙、磷不平衡，导致蹄角质疏松等而诱发本病。

【主症】 病羊食欲减退，站立时患蹄负重减轻，走路跛行、疼痛，严重者蹄叉间、蹄匣和蹄冠部红、肿、热、痛、溃烂，挤压时有恶臭的脓液流出，蹄深层组织坏死，蹄匣脱落，行动不便。

【鉴别诊断】 本病应与蹄脓肿及其他非特异性化脓菌感染进行鉴别诊断。前者多发生在地面潮湿、牧草生长的夏季，其病原菌主要是腐败梭菌和坏死杆菌，主要侵害角质层和蹄底软组织，挤压有少量脓液流出，羔羊易感，多两蹄发病且两趾同时被感染。蹄脓肿仅感染成年羊且仅限于一趾。非特异性化脓菌感染时常散发，一年四季均可发生，其病原菌主要是化脓性球菌、杆菌等。

【治则】 去腐生肌，抗菌消炎。

【方药】

（1）夏季，取鲜乌桕叶200g，捣烂取汁，滴入伤口，2次/天，5～6mL/次；秋、冬季，取乌桕根皮500g，捣烂挤汁，滴进腐烂处。共治疗17例，治愈16例。（李明官，T62，P31）

（2）削除蹄部腐烂坏死组织，碘酊涂抹患部。1h后用加热至15℃的5%福尔马林药液浴蹄，1次/天，30min/次，连用7～15天。普鲁卡因青霉素10万单位/kg和链霉素70mg/kg（为1只羊的药量），肌内注射，2次/天；或长效土霉素100万单位（为1只羊的药量），肌内注射，1次/天。取加味消痈饮：炙穿山甲、甘草、赤芍、紫花地丁、炒皂角刺各30g，天花粉45g，乳香、贝母、没药各10g，白芷、当归尾、苦参、陈皮各20g，金银花100g，蒲公英25g，连翘40g，黄连15g。加水1500mL，煎煮至750mL，取汁，候温灌服，50mL/只，1次/天，连服7天。

【防制】　羊舍应保持干燥清洁，通风良好，运动场清洁卫生，不留粪便、污物和积水。加强饲养管理，合理配合饲料，补充矿物质及维生素。成年羊羊蹄应及时修整，发现腐蹄病羊应及时隔离治疗。

在腐蹄病常发地区，对羊群用15℃的5%福尔马林药液或20%硫酸铜溶液进行蹄浴，1次/周，30min/次，具有显著的预防和治疗作用。

【典型医案】　2008年6月，岷县寺沟村卓某的32只羊先后发病就诊。检查：病羊行走时一肢或两肢剧烈跛行，前肢跪地采食，病蹄蹄冠和蹄踵部温热、肿胀、触压敏感，蹄底损伤，挤压损伤周围组织有少量腐败恶臭的脓液流出，病程较久者体温升高，消瘦。诊为腐蹄病。治疗：对病羊进行重度修蹄，将蹄底腐烂坏死组织削净，然后用加热至15℃的5%福尔马林药液浴蹄30min，1次/天，连用7天；普鲁卡因青霉素10万单位/kg、链霉素70mg/kg，肌内注射；加味消痈饮，用法同方药（2），50mL/只，连服7天，25只病羊痊愈。对7只未痊愈的羊继续采用上法治疗，12天后全部治愈。（张小虎，T158，P69）

临床医案集锦

【口唇疱疹】　重庆市北碚区金刚公社养羊户周某从陕西某县买回5只奶山羊，到家4～5天陆续发病邀诊。检查：病羊口角边沿颊部和鼻部的皮肤上生出绿豆至豌豆大的红色结节，质地硬、疏密不均，结节内渗满黄水，病羊口内流出浅红色液体，颊部或齿部黏膜上有发红或糜烂的斑块，精神沉郁，懒动，食欲废绝，喜饮凉水，呼吸快、声粗气热，鼻口皆热，尿短黄，粪球干小，脉数有力。起初1只羊发病，3～4天其余4只羊连同家中饲养的2只本地山羊都发生相同疾病。根据临床症状，诊为口唇疱疹。治疗：金银花、薄荷各10g，连翘15g，栀子、黄芩、大黄、竹叶各12g，甘草 5g（为 1 只羊药量）。水煎取汁，候温灌服。第 1 剂煎服 3 次后，病羊疱疹内黄水减少，患部皮肤红色减退，可采食少量嫩草和菜叶；原方药再服 1 剂，2 天后结节消失，患部只剩下薄的干皱痂皮，病羊精神恢复，食欲增加，症状基本消失。（冯昌荣，T9，P35）

【肝经风热型角膜炎】 2002 年 5 月 20 日，中牟县种羊场 1 只 2 岁波尔种山羊患病就诊。主诉：该羊近几天精神不振，常待在暗处，少食，配种无力，经常摩擦双眼。检查：病羊上下眼睑肿胀，球结膜睫状轻度充血，角膜表面有灰白色点状浸润，舌质红，苔黄，脉数。诊为肝经风热型角膜炎。治疗：荆芥、防风、薄荷、黄芩、菊花、连翘、夏枯草各 40g，羌活 30g。水煎取汁，候温灌服，1 剂/2 天，连服 3 剂，痊愈。（张丁华等，T132，P51）

【肾脏落入腹腔】 1987 年 3 月 17 日上午，伊克昭盟达拉特旗树林召乡羊场湾村贺某用手推车送来 1 只 3 岁白色奶山羊就诊。主诉：该羊于 2 月 10 日产羔，3 月 15 日晚上放牧归来后发现不吃草，口流清涎，伸腰，喜卧凉处，排尿次数增多，尿量少、色清，约 10min 排尿 1 次，曾用阿托品 1 支，地塞米松 6 支，连续治疗 2 次无效。检查：病羊营养不良，精神沉郁，吊肷伸腰，行走或站立时低头，不时排尿、次多量少；口流清涎，口温低，口色暗红，下颌水肿，结膜潮红，有树枝状充血；腹部两侧对压，腹腔内有一约拳头大小椭圆形硬物，触诊时痛感明显；体温 38.6℃，呼吸 25 次/min，脉搏 62 次/min，食欲废绝，反刍停止。通过触诊怀疑肾脏落入腹腔。遂行手术治疗：将病羊左侧横卧于手术台保定，右肷部剪毛消毒，2% 普鲁卡因 20mL 术部麻醉，切开皮肤 12cm，顺肌纤维方向做钝性分离，将腹膜提起并切开。术者将消毒的手臂顺切口伸入腹腔，慢慢寻找硬物，当找到硬物时病羊即出现明显的疼痛反应。将硬物慢慢牵引至腹腔外，经认真观察，确诊为左侧肾脏且高度瘀血，较正常肾脏大 1/3。行手术摘除术。先分离肾脂肪囊，用缝合线于肾门部将肾动脉、静脉及输尿管结扎，保留肾脂肪囊，切除肾脏。腹腔内用生理盐水冲洗，并倒入适量石蜡油以防粘连，腹膜切

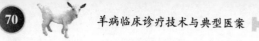

口做连续缝合，创口撒布青霉素粉，皮肤结节缝合，最后做结系绷带。术后，病羊体温 38.9℃，心率 130 次/min，呼吸 40 次/min。取10%葡萄糖注射液 500mL，西地兰 2mL，青霉素 320 万单位，静脉注射。30min 后，病羊开始排尿。3 月 18 日上午，病羊精神良好，体温 39.2℃，心率 120 次/min，呼吸 38 次/min，下颌水肿加重，口温低，结膜潮红，尿频量少，伸腰次数明显减少，吃少量流食。取 10%葡萄糖注射液 500mL，青霉素 240 万单位，维生素 C 20mL，氢化可的松 5 支，静脉注射；西地兰 20mL，肌内注射；高锰酸钾溶液冲洗口腔。4 月 11 日追访，病羊基本恢复正常。（武剑峰，T77，P34）

【链球菌多发性关节炎】 2008 年 4 月下旬，门源县珠固乡元树村 1 社陶某、张某的羔羊出生后 1 周相继死亡，共发病 84 只，死亡 39 只。检查：病初，羔羊体温升高至 41℃以上，眼结膜充血、流泪，精神沉郁，食欲废绝，行走拘谨；随后四肢关节肿胀、疼痛，卧地不起，头伸向四肢，2～3 天死亡，临死前有抽搐、惊厥等神经症状。耐过的病羊转为亚急性和慢性。诊为羔羊链球菌多发性关节炎。治疗：对病羊和疑似病羊，取加减内疏黄连汤：酒黄连、酒栀子、黄芩各 25g，金银花 50g，连翘 40g，当归 30g，赤芍、酒大黄、甘草各 20g。加水 1500mL，煎煮至 500mL，取汁，候温灌服，10mL/只，1 剂/天，连服 3 剂；阿莫西林钠 0.5g，黄芪多糖注射液 15mL，肌内注射，2 次/天。经过治疗，病羊再未出现死亡。（张海成，T155，P68）

【伤口生蛆】 1982 年 6 月 21 日，巴林左旗乌兰坝苏木哈布其拉嘎查王某的 1 只大尾绵羊，在放牧归来后频频摆尾，骚动不安，甩尾蹭墙。经检查尾巴有伤口，从尾尖向内约有 6cm 深，内有蝇蛆。治疗：用镊子除去蝇蛆，伤口撒布飞燕草（药用根部，夏秋采集，去净泥土，切碎，晒干，研末）细末，每天傍晚放牧归来后撒布 1 次，连用 4 次。用药第 7 天，病羊伤口愈合。共治疗 5 例，全部治愈。（双根，T80，P18）

【豌豆苗过敏引发皮肤溃烂】 镇平县城郊乡周家村朱某的 1 只

山羊患病就诊。主诉：春季大旱，早春无青草芽萌发，且种植的豌豆苗旱死，没有旱死的长满腻虫，羊群在豌豆地放牧 3 天，有 3 只体重 30～40kg 的羊出现两耳根肿胀、发红，两眼皮红肿，鼻、嘴唇发红，用蹄不断抓两耳或颈部，直至破溃流血，怕光，喜钻墙角和躲在暗处，烦躁不安，停止采食豌豆苗后症状仍不见好转，前两天体温 39.5℃，皮肤破溃后体温逐渐上升至 41℃，食欲减退，反刍正常。治疗：清热利湿止痒汤，当归、黄芩、牡丹皮、升麻各 10g，苦参、白鲜皮各 20g，生地黄 30g（为 1 只成年羊药量，幼羊减半）。水煎取汁，候温灌服或饮服，2 次/天，连服 3～5 天。扑尔敏注射液 20mg，地塞米松注射液 5mg，维生素 C 750mg，阿莫西林粉针 3mg，水肿血清 6mL，分别肌内注射，1 次/天，连用 3 天。3 天后，病羊两耳红肿消退，眼皮、鼻红色消失，瘙痒减轻，精神、体温、食欲恢复。1 周后回访，3 只羊两耳患部结痂蜕皮，痊愈。（杨保兰等，T169，P72）

【无名肿毒】　2001 年 8 月，上蔡县东岸乡张胡庄村胡某的 1 只山羊患病就诊。检查：病羊头、胸、肘后等部位均流出黄色液体，部分有结痂。其医生按疥癣治疗多次无效。治疗：雄黄、枯矾各等份，共为细末，过筛备用。患部流出黄色液体者，撒布药粉直至表面无渗出液，结痂后再用纯芝麻油将药粉调成糊状涂擦。患部表面有干痂者，先将干燥的痂皮除去，再撒布药粉。2～3 次/天，隔天换药 1 次，4 次治愈。（付泰等，T142，P22）

第三章
产 科 病

胎 气

　　胎气是指妊娠母羊腹下及后肢发生水肿的一种病症。多发生于生产前。

　　【病因】　由于妊娠母羊外感风寒，内伤阴冷，饲养不当，致使元气亏损，气血失调，清气不升，浊气不降，胎气不顺而成其患。

　　【主症】　初期，病羊精神、食欲无明显变化，腹下（包括乳房和会阴部）及四肢水肿，行动迟缓，腹胀，有时微喘。轻者多在分娩后数日内水肿自然消失，重者精神委顿，被毛焦燥，食欲减退，拘行束步，甚至卧地不起，口色青白，口津滑利，脉象变化不大。

　　【治则】　调经理气，养血安胎。

　　【方药】　当归、熟地黄各 12g，白芍 10g，川芎 8g，枳实 6g，青皮 5g，红花 3g。共为细末，开水冲调，候温灌服。共治疗 376例，治愈 364 例，治愈率达 96.8%。

　　【典型医案】　2005 年 3 月 2 日，蓬莱市王家庄村养羊户王某的 1 只波尔山羊患病邀诊。主诉：该羊距离分娩时间还有 10 天，近几天发现行动迟缓，束步，今日突然卧地不起。检查：病羊体温 37.8℃，心率 57 次/min，鼻镜有汗，结膜淡白，口腔无臭味，口津清利，卧地不起，腹下及四肢水肿，用手触摸肿胀部不热。诊为胎气。治疗：取上方药，用法相同，1 剂/天，连用 5 天；10％葡萄糖注射液 500mL，10％葡萄糖酸钙注射液 60mL，10％安钠咖注射液 10mL，静脉注射，1 次/天，连用 5 天。每天给病羊更换垫料 1 次，每天翻动身躯 4～5 次。治疗 1 天，病羊能自行站立。10 天后该羊顺利产下羔羊 4 只，成活 3 只。（王廷鸿，T136，P45）

胎衣不下

胎衣不下是指母羊产羔后的 4～6h 胎衣仍不能自行脱落排出体外的一种病症。

【病因】　多因母羊妊娠期间缺乏运动，饲料中缺乏钙和维生素，或饲料搭配不当，营养单一，导致母羊体质虚弱不能排出胎衣；胎儿过大，产程长、难产，致使正气耗损，胞宫弛缓，无力排出胎衣；生产时天气寒冷，母羊感受风寒，气血不畅，导致胎衣不能排出；子宫内膜炎、布氏杆菌等也可引发本病。

【主症】　病羊精神不振，呼吸迫促，回头顾腹，拱腰努责，频频排尿。胎衣不下腐败时，从阴户中流出污红色腐败恶臭的恶露，混杂有灰白色未腐败的胎衣碎片。全部胎衣不下时，部分胎衣垂露于阴户外。

【治则】　活血化瘀，益气补血。

【方药】

（1）当归 50g，川芎、桃仁各 15g，三棱、莪术各 10g，炮姜、炙甘草各 3g，黄酒、童尿各 80mL。前七味药共为细末，开水冲调或水煎取汁，候温加黄酒、童尿，同调灌服。（吴志中，T64，P36）

（2）加味参灵汤。党参、川芎、生蒲黄、五灵脂各 10g，当归、益母草各 15g，生大黄 25g。共为细末，冷水冲调，灌服。

（3）三甲大戟散。穿山甲 12g，大戟 9g，滑石 18g，海金沙 15g。水浸 15～30min，微火煎煮 30min，过滤，取汁 1 碗，候温，胃管投服，每天 1 剂。共治疗 8 例，效果满意。

（4）鲜藕叶 400～500g，加水 250～300mL，煎煮取浓汁 50～100mL，候温灌服。一般于灌后 0.5～2h 排出胎衣。共治疗 32 例，全部治愈。

（5）益母草 150～300g，红糖 200～300g，水 1000～2000mL。先将益母草煎煮 10～15min，加入红糖再煎煮 5min，取汁，候温自饮或灌服。共治疗 15 例（含牛），14 例显效，1 例效果不显著，治愈率为 93.3%。

【防制】　加强妊娠母羊管理，合理搭配饲料，钙、磷比例要适当。产前增加光照，适当运动。产后要让母羊饮羊水。

【典型医案】

（1）宁夏渠口农场 7 只 4～6 岁、膘情中等母绵羊，因产后 2～3 天胎衣未下就诊。检查：病羊精神不振，呼吸加快，口热，头颈弯曲于腹部，腹痛，阴户流出淡黄色或红色恶臭分泌物，食量减少一半或多半。诊为胎衣不下。治疗：取加味参茋汤，用法同方药（2）。除 1 只病羊因胎衣和子宫粘连严重死亡外，其他 6 只羊服药 1 剂后胎衣自下，无任何不良反应，随后精神、食欲恢复正常。（郝振国，T16，P64）

（2）1981 年 5 月 20 日，大城县两位敢大队安某的 1 只青色、体重约 25kg 母山羊患病就诊。主诉：该羊产羔已逾皮，胎衣不下，食欲减退，有时起卧，产道流出少量血水、色暗红，间有血块，努责不安，回头观腹，口色青紫，口腔滑利。诊为胎衣不下。治疗：取方药（3），用法相同。服药 1 剂，痊愈。（刘国存，T13，P33）

（3）1996 年 5 月 29 日，云阳县水磨乡吉林村袭某的 1 只山羊患病就诊。主诉：该羊产第 1 羔后隔 0.5h 产第 2 羔，产后 8h 胎衣仍未下。检查：病羊频频尖叫、拱背、举尾、努责。治疗：鲜藕叶 500g，水煎取汁，候温灌服。服药后约 1h，病羊排出胎衣。（黄文

东，T85，P47)

（4）西吉县兴隆镇川口村马某的 1 只乳山羊，因产羔后胎衣不下来诊。检查：病羊咩咩叫，后肢踢腹，起卧不安，不断努责。治疗：益母草 200g，红糖 250g。水煎取汁，候温自饮。用药 1h，病羊胎衣全部排出。（王全成，T114，P35)

阴道脱出

阴道脱出是指母羊的阴道部分或全部脱出阴门外的一种病症。

【病因】 多因母羊体质虚弱，气血不足，或母羊肥胖，产道狭窄，助产方法不当，胎儿过大，生产时引起阴道脱出。

【主症】 病羊精神不振，站立不安，频频努责；阴道脱出体外，脱出的黏膜充血、水肿，甚至干裂、溃疡、坏死。

【治则】 补中益气，手术整复。

【方药】

（1）参黄红花汤。党参、黄芪、升麻、当归、陈皮、柴胡、白术、香附、红花、乳香、没药、甘草。水煎取汁，候温灌服，1 剂/天。

（2）用 0.1% 高锰酸钾溶液清洗脱出的组织，除去污垢。对脱出时间较长，黏膜组织有瘀血、水肿、发炎或坏死部分，用温生理盐水浸湿药棉或消毒纱布反复热敷，冲洗干净。取 2% 静松灵注射液 5～10mL，注射用水 50～100mL，用注射器混合后喷洒于脱出的黏膜表面，10～15min 后病羊安静，不再努责，脱出的组织开始自动收缩。多数病羊可 1 次自动复位，少数病羊因体弱和脱水较重，收缩缓慢，需人工整复。为防止再次脱出，可行阴门结节缝合或在阴门周围注射 95% 酒精 30～50mL，诱发局部肿胀，起到固定作用。努责严重者，用静松灵 3～5mL 作阴道深部注入或肌内注射。对脱出时间长、病情严重、体质极度衰弱病羊，采取综合治疗措施，及时补液并使用抗生素或磺胺类药物。中药可用补中益气汤合生化汤加减。同时要加强护理，防止反复脱出而导致机体衰竭和

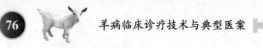

败血症的发生。（潘英武，T60，P35）

【典型医案】　上饶县花园乡养羊户李某的 1 只母羊患病来诊。检查：病羊阴道脱出约 11cm，频频努责，食欲减退，精神沉郁。治疗：先用 0.1％高锰酸钾液洗净脱出的阴道，整复，阴门减张缝合 1 针；参黄红花汤，用法同方药（1），痊愈。（刘延清等，T34，P53）

习惯性流产

习惯性流产是指母羊在妊娠期间因患某种疾病或意外受伤，致使未足月的胎儿连续多次发生自然流产的一种病症。中兽医称滑胎。多见于妊娠后的 2～4 个月。

【病因】　由于饲养管理不善，营养不良，跌打损伤，致使母羊气血虚弱，胞宫不固，胎元失养而流产；空腹过饮冷水，误食腐烂变质饲料而流产；子宫颈粘连、损伤、松弛，或患某些传染病或寄生虫病而流产。

本病有肾虚、气血虚、血热和外伤性流产几种类型。临床上以肾虚、气血虚、血热胎动者居多。中兽医认为，肾虚不能系胎，气血虚弱不能养胎，血热导致胎动等。母羊因多次流产更易耗肾精、伤肾气，从而使母羊肾气严重亏损，不能固摄胎气。

【主症】　一般流产前病羊腹痛，时而起卧，骚动不安，前肢刨地，回头顾腹，阴道内少量出血，血液稀薄，色暗红，无腥臭味，体温正常，食欲减退，舌淡、苔薄白，脉细无力。

【治则】　保胎安胎。

【方药】　白术、当归、黄芪、杜仲、续断各 20g，熟地黄、党参、紫苏梗、仙鹤草各 25g，阿胶、菟丝子各 15g。阴道出血量多者加焦地榆 15g；腹痛者加砂仁 15g，白芍 20g；食欲不佳者加麦芽、炒山楂、神曲各 30g。水煎 2 次，取汁 500mL，候温灌服，1 剂/天，连服 3 剂。青霉素钾 160 万单位，链霉素 200 万单位，混合，肌内注射；黄体酮 50mg，肌内注射，1 次/天，连用 3 天；

维生素 E 150mg，灌服，2 次/天，连服 3 天。共治愈 25 例，治愈率达 92.2%。

【防制】　习惯性流产母羊妊娠后期应仔细观察，一旦发现乳房肿胀、骚动不安、外阴肿胀等应及时就诊、治疗。

【典型医案】

(1) 2006 年 7 月 3 日，庆城县熊家庙乡养羊户李某的 1 只 4 岁小尾寒羊母羊患病邀诊。主诉：该羊自 2005 年以来配种 4 次，妊娠 3 次，均在妊娠 2 个月左右流产。这次配种后已 2 月余，该羊骚动不安，产道流出少量血液。前 3 次出现流产症状时曾多次肌内注射黄体酮，灌服保胎中药均无效。检查：病羊骚动不安，阴道流出稀薄、暗红色血液、淋漓不止、时多时少，毛焦体瘦，疲乏无力，体温正常，食欲减退，舌色淡、苔薄白，脉细无力。诊为胎动不安。治疗：白术、当归、杜仲、续断、黄芪、紫苏梗各 20g，仙鹤草、熟地黄、党参各 25g，阿胶、菟丝子各 15g，麦芽、炒山楂、神曲各 30g。水煎 2 次，取汁 500mL，候温灌服，1 剂/天，连服 3 剂。青霉素钾 160 万单位，链霉素 200 万单位，肌内注射；黄体酮 50mg，肌内注射，1 次/天，连用 3 天；维生素 E 150mg，灌服，2 次/天，连服 3 天。连续治疗 4 天，痊愈，并顺利产下 1 只母羔羊。

(2) 2007 年 9 月 13 日，庆城县南庄乡养羊户张某的 1 只 6 岁小尾寒羊母羊患病邀诊。主诉：该羊自 2006 年以来妊娠 2 次，均在妊娠 3 个月左右流产。这次配种后已近 3 个月，该羊骚动不安，产道流出少量血液。检查：病羊骚动不安，前肢刨地，回头顾腹，阴道流出稀薄、暗红色血液、淋漓不止、时多时少，体温正常，食欲减退，舌色淡、苔薄白，脉细无力。诊为胎动不安。治疗：白术、当归、黄芪、阿胶、仙鹤草各 25g，熟地黄 30g，党参 35g，杜仲、续断、菟丝子、紫苏梗各 20g，麦芽、炒山楂、神曲各 40g。水煎 3 次，取汁 500mL，候温灌服，1 剂/天，连服 3 剂。青霉素钾 160 万单位，链霉素 200 万单位，肌内注射；黄体酮 80mg，肌内注射，1 次/天，连用 3 天；维生素 E 200mg，灌服，2 次/天，

连服 3 天，痊愈。（杨宏平，T154，P55）

子宫内膜炎

子宫内膜炎是指病原体感染母羊子宫内膜，引起子宫内膜发炎的一种病症。

【病因】　由于公母羊混合饲养，又受炎热季节高温应激，母羊流产、难产，分娩后产道感染病原菌，或人工授精器具消毒不严，助产操作不规范，或本交公羊带病菌交配，或饲养管理不善，缺乏维生素和矿物质等均能诱发本病。

【辨证施治】　临床上多呈急性或慢性经过。

（1）急性。多发生在产后或流产后。病羊精神不振，食欲减退或废绝，体温升高，鼻镜干燥，不时努责，有时随努责从阴道流出白色黏液或带有腥臭味的红褐色分泌物，乳汁分泌减少。

（2）慢性。多由急性子宫内膜炎治疗不及时或治疗不完全转化而成。病羊症状不明显，不发情，或发情不正常，屡配不孕，即使发情配种，常常出现流产，阴门有少量分泌物，有时在人工授精时可见炎性分泌物随输入精液流出。

【治则】　活血化瘀，清热燥湿。

【方药】　生化汤加味。当归 15g，川芎、桃仁、苦参、炮姜各 10g，黄柏 20g，益母草 30g，炙甘草 5g。共为细末，开水冲调，候温灌服，1 剂/天，连服 3~6 剂。共治疗 57 例，治愈 53 例。

【防制】　改善羊舍环境卫生，尽量保持羊舍通风干燥，定期对羊舍进行消毒；改善营养条件，饲喂全价混合日粮，提高羊体的抗病能力。

【典型医案】　2003 年 6 月 13 日，庆元县松源镇大济村吴某的 1 只 3 岁波尔母山羊发病邀诊。主诉：该羊于半年前流产，阴门流出白色腥臭脓性分泌物，两次发情配种均未受孕，用青霉素、链霉素加灭菌用水冲洗子宫，连用 3 次，每次冲洗后配合肌内注射缩宫素，症状有所好转。近日，该羊精神不振，食欲减退，反刍减少，阴道流出黄色脓性分泌物。检查：病羊阴道分泌物异常，阴道及子宫颈充血，两后肢会阴部及尾部有污秽结痂，被毛杂乱、无光泽，体温 38.2℃，呼吸 28 次/min，心率 68 次/min。诊为慢性子宫内膜炎。治疗：生化汤加味（方中黄柏 30g，益母草 45g），用法同上。服药 3 剂，病羊阴道分泌物减少，其他症状明显好转。效不更方，继续服药 3 剂，病羊精神好转，饮食欲增加，阴道没有分泌物排出。随后追访，该羊已发情配种受孕。（吴其仁，T142，P51）

乳 腺 炎

乳腺炎是指羊的乳腺、乳池、乳头局部发生炎症，导致乳房红肿、发热、疼痛，影响羊泌乳功能和产乳量的一种病症。中兽医称为乳痈。多见于泌乳期的羊。

【病因】 多因饲养管理不当，环境卫生差，羊舍内滋生大量的病原微生物如葡萄球菌、链球菌、大肠杆菌、布鲁菌和巴氏杆菌等，当母羊产后抵抗力下降时，病原菌通过乳头管侵入乳房感染而发病；饲喂精料过量，乳汁分泌旺盛，羔羊吮乳较少，使乳房内乳汁蓄积腐败而发病；乳管狭窄，乳汁不畅或断乳、吮乳羔羊死亡等原因，使乳汁积聚乳房而发病；夏季气温较高，病原微生物大量繁殖，或雨季圈舍和运动场泥泞，造成乳房感染，或乳房受到挤压、碰撞、外伤等而发病；子宫炎等某些产科病继发。

中兽医认为，乳痈属于火，由肝气郁结、胃热瘀滞而成，或外感风寒热邪，胃热湿蕴，气血凝滞所致。

【主症】 病初，母羊单侧或双侧乳房肿大，红、肿、热、痛明显，拒绝羔羊吮乳，不愿卧地，两后肢张开，泌乳量减少，乳汁变质；病程较长者乳房化脓，流出脓汁，或坏疽，排出恶臭黑色液体，经久不愈，严重者体温升高至 39.5～42.0℃，食欲减退，口色赤红，舌有黄苔，眼结膜充血。

【乳汁检查】 在黑色背景下观察乳汁稀薄如水，进而呈污秽黄色，放置后有厚层的沉淀物，为结核引起的乳腺炎；以凝块或凝片为特征的为无乳链球菌感染；以黄色均匀脓汁为特征的为大肠杆菌感染；乳腺肿大且坚实是铜绿假单胞菌或酵母菌感染。

【治则】 清热解毒，消肿散痈。

【方药】

（1）公英散。蒲公英、丝瓜络各 15g，金银花 12g，连翘、通草、芙蓉花各 9g，穿山甲 6g。肝气郁结、气机不畅、气滞血凝者，药用（逍遥散）当归 10g，柴胡、白芍、白术、茯苓各 9g，炙甘草 4g，煨姜、薄荷各 3g。水煎取汁，候温灌服，1 剂/天，连服 4～5 剂。

患乳腺炎或曾经患乳腺炎者，在干奶期采用苄星青霉素 2g 或青霉素 320 万单位，链霉素 100 万单位，用 0.25％普鲁卡因 10mL 稀释，乳池注入，5mL/个，连用 1～2 次，可降低下一个泌乳期乳腺炎的发病率。

乳房患部肿胀严重者，选用 10％～20％硫酸镁溶液热敷 15～20min，再将鱼石脂涂擦患处皮肤，促进炎性物的吸收；也可通过按摩及增加挤奶次数排出变质乳和病原微生物；但对出血性或坏死性的乳腺炎禁止按摩。出现全身症状者应进行全面治疗，膘情较好者可采用氨苄青霉素 2.5～4.0g，葡萄糖生理盐水 250mL，维生素 C、安乃近各 10mL，地塞米松注射液 5mL，混合，静脉注射；膘情差者可采用 10％葡萄糖注射液 250mL，肌苷 6～10mL，50％葡萄糖注射液 40mL，维生素 C 10mL，混合，静脉注射，连用 2～3 天，或氨苄青霉素 2.5～4.0g，5％糖盐水 500mL，樟脑磺酸钠 10mL，分别静脉注射，连用 2～3 天。继发性乳腺炎应针对原发病进行治疗。治疗前先清洗、消毒乳房，挤尽乳汁。

共治疗 158 例，治愈 152 例，治愈率 96.2％。

（2）鱼腥草注射液，肌内注射 20mL，后海穴注射 10mL。

（3）仙人掌（去刺），捣成泥状，备用。将病乳区洗净拭干，按摩并挤出腐败乳汁，再将仙人掌泥涂敷于患部。用仙人掌治疗 80 例，仙人掌配合青霉素治疗 6 例，全部治愈。

（4）皂角刺、鲜蒲公英、连翘各 30g，橘核、荔枝核各 20g，鹿角片、大黄各 15g，乳香、没药各 12g，炮穿山甲片、赤芍各 10g。水煎取汁，候温灌服。

（5）金银花 25g，蒲公英 30g，连翘 15g，当归 14g，知母、瓜蒌、丹参各 12g，穿山甲、黄芩、乳香各 10g，柴胡 9g，没药 19g，甘草 3g。乳房红肿热痛严重、全身症状明显、口红赤、干燥、尿黄、粪干、脉洪大者加天花粉 12g，生地黄 20g，党参 10g，大黄 15g；乳房红肿热痛及全身症状不明显，但乳房肿块大、产乳量下降者加赤芍、漏芦各 12g，红花 1.6g，王不留行、通草各 10g，皂角刺 9g；外感者加荆芥、防风各 12g，薄荷 10g；子宫炎者加山药、车前子、黄柏、苍术各 10g，川芎 12g；产后恶露不尽者加红花 12g，益母草 20g，生蒲黄 9g；食欲减退者加山楂、麦芽各 16g，神曲 12g。共研细末，开水冲调，候温灌服，1 剂/天。乳房红肿热痛症状严重或全身症状明显者，肌内注射青霉素、链霉素；乳房症状和全身症状严重者，静脉注射红霉素、葡萄糖、维生素 C、安钠咖、氢化可的松；无全身症状者，先挤出患病乳房乳汁，再用乳头导管向每个患病乳房内注入青霉素 80 万单位，链霉素 100 万单位，生理盐水 20～30mL，1～2 次/天，并适当按摩，使药液在乳房内均匀分布。取 6%～8% 盐水适量，加热至 50～60℃，浸湿毛巾，反复热敷乳房患部，再将鲜蒲公英捣烂，酒调，布包外敷。如果乳房红肿热痛不严重者，用盐水热敷后可适当用力按摩乳房，再用鲜蒲公英盐水热敷，1～2 次/天。此外，应及时挤乳，以减轻乳房内压，促进炎性产物排出。共治疗 24 例，痊愈 21 例，好转 3 例。

（6）复方公英汤。蒲公英 90g，金银花 40g，漏芦、丹参、王不留行各 30g，连翘 25g，皂角刺、青皮、瓜蒌各 20g，通草、丝瓜络各 15g。乳腺炎初期，加防风、荆芥各 20g，柴胡 25g；恶露不尽者加益母草 30g，川芎、桃仁各 15g；乳汁中有血液者加蒲黄、仙鹤草各 25g；乳房有硬结块、乳汁变清者加浙贝母 15g，郁金 25g，夏枯草、当归各 20g。水煎 2 次，取汁混合，候温灌服。热药渣外敷乳房患部。取卡那霉素 100 万单位，0.5% 盐酸普鲁卡因 60mL，行乳房基部封闭注射，也可用庆大霉素或氯霉素。

（7）蒲公英 50g，加常水适量煎煮，取汁，候温灌服，1 次/天；5% 硫酸镁溶液 1000mL，热敷乳房，每天早、晚各 1 次/天。

（8）金银花、瓜蒌、蒲公英各 50g，连翘、漏芦各 25g，牛蒡子、当归、赤芍各 15g，青皮、陈皮、甘草各 10g。体温升高者加大青叶、生石膏；局部肿硬明显者加玄参、夏枯草。水煎取汁，候温灌服，1 剂/天；松香粉 100g，用米醋调成糊状，摊在纱布块上，贴敷乳房患部，用胶布加以固定，换药 1 次/天。（尚国义，T33，P40）

（9）① 清热解毒汤。蒲公英 15g，金银花、连翘、柴胡、黄芩、茯苓各 5g，甘草 3g。水煎取汁，候温灌服，2 次/天。朱冰炉滑膏：朱砂、冰片各 5g，炉甘石 15g，滑石粉 50 个。共研细末，加面粉 10g，混匀，用香油调成膏状，外敷乳房患部，每天 2～4 次。本方药适用于损伤性乳腺炎。

② 逍遥散加减。陈皮 6g，柴胡、黄芩、金银花、当归、白芍各 5g，蒲公英 15g，枳壳、甘草各 3g。水煎取汁，候温灌服，2 次/天。黄石散：黄柏、煅石膏各等份，共研细末，用凉开水调成糊状，外敷乳房患部。本方药适用于挤压、积乳等肿块性乳腺炎。

（10）金银花 80g，当归、蒲公英、紫花地丁、板蓝根各 50g，川芎、玄参、柴胡、甘草各 20g。加水适量，文火煎煮 3 次，取汁混合，分早、晚 2 次灌服。轻者 2 剂，重者 3～5 剂。共治疗 89 例，痊愈 87 例，治愈率达 97.75%。

（11）柴胡、连翘、金银花、蒲公英、紫花地丁、黄芩、大黄、赤芍、当归、丹参、桃仁、生甘草。水煎取汁，候温，分 2 次灌服，1 剂/天，1 个疗程 5 天。青霉素、链霉素、安乃近，肌内注射，2 次/天，1 个疗程/5 天；用 8% 硫酸镁溶液热敷乳房，2 次/天，30min/次，连敷 3～5 天；用 3% 双氧水冲洗乳房，每天 1 次，连续冲洗 3～5 天（药量可根据羊体重及病情轻重决定）。共治疗 23 例，治愈 11 例。

（12）用消毒液洗净乳头，挤净乳汁，将导管插入乳腺，注入青霉素 160 万单位（溶于 100mL 灭菌生理盐水中），捏住乳头由下向上按摩乳房，使药液扩散于整个乳腺。取天冬、紫草、夏枯草、白头翁、大蓟、黄秋葵各 10g，金银花、虎掌草各 5g，猪鬃草 15g。水煎取汁，候温灌服，每天 1 剂，连服 3 天。乳腺发生脓肿应纵向切开乳腺，用双氧水冲洗，再用碘酊纱布条引流，撒布消炎粉。

（13）透脓散加味。黄芪、当归各 15g，川芎、皂角刺、连翘、金银花各 10g，炮穿山甲 5g，青皮、香附各 7g。水煎取汁，候温加白酒 20mL，分 2 次灌服，每天 1 剂。

（14）先用温水擦洗乳房，再按摩乳房，挤净已变质的乳汁，将仙人掌捣碎敷于乳房周围；取青霉素 400 万单位，稀释后行乳头管注射。共治疗 28 例，全部治愈。

【防制】 及时清理和打扫圈舍，保持圈舍清洁干燥，彻底消毒，减少病原微生物的侵袭。防止机械损伤乳房，注意观察乳房外形和乳汁的色泽有无变化，如发现乳孔闭塞、乳腺发炎、化脓等情况，要及时采取相应治疗措施。

及早发现、隔离病羊；病羊隔离治疗痊愈后方可合群饲喂；对因传染病或产科疾病引起的乳腺炎应及早治疗原发病；对坏疽性乳腺炎应及早行外科手术治疗，以防引起败血症。

【典型医案】

（1）2004 年 3 月 18 日，山丹县清泉镇东街村张某的 1 只小尾寒羊母羊于产后 18 天来诊。检查：病羊一侧乳房肿大，乳汁为黄色、有凝块，腹下水肿延伸至脐处，结膜充血，口色赤红，舌苔厚，体温 42℃。经细菌学检测，诊为大肠杆菌感染引起的急性乳腺炎。治疗：乳肿康 5mL，患侧乳池灌注，每天 1 次，连用 4 次；氨苄青霉素 4g，葡萄糖生理盐水 250mL，维生素 C 10mL，安乃近注射液 10mL，地塞米松注射液 5mL，混合，静脉注射，每天 1 次，连用 3 天；公英散，用法同方药（1），每天 1 剂，连服4 剂。第 6 天痊愈。

（2）2005 年 5 月 26 日，山丹县北关养殖小区钱某的 1 只小尾

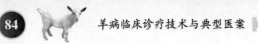

寒羊母羊于产后 26 天来诊。检查：由于羔羊死亡，病羊两侧乳房肿大、坚实，乳汁变质、含少量脓汁，体温正常，毛瘦体焦，神少力乏，体质虚弱，口干、色黄、膘情差。经细菌学检查，诊为大肠杆菌和铜绿假单胞菌混合感染引起的乳腺炎。治疗：15％硫酸镁溶液热敷乳房 15～20min，2 次/天，连用 3 天；每个乳池灌注青霉素 320 万单位，链霉素 100 万单位，生理盐水 5mL 稀释，每天 1 次，连用 4 次；10％葡萄糖注射液 250mL，肌苷注射液 6～10mL，50％葡萄糖注射液 40mL，维生素 C 注射液 10mL，混合，静脉注射，每天 1 次，连用 4 天；逍遥散，用法同方药（1），每天 1 剂，连服 5 剂。第 7 天痊愈。（梁福文等，T140，P47）

（3）蒲城县兴镇曹家村 2 组某养羊户的 1 只营养中等奶羊患病就诊。检查：病羊食欲减退，体温升高，乳房肿大、增温、坚硬，乳汁清稀、含有絮状物。治疗：用青霉素、普鲁卡因行乳房封闭注射，外敷蒲公英均无效。改用鱼腥草注射液 20mL，肌内注射。次日，病羊病情好转，再用药 1 次，痊愈。

（4）蒲城县兴镇曹家村 5 组王某的 1 只奶羊患病来诊。主诉：该羊发病后曾肌内注射青霉素 240 万单位，链霉素 200 万单位，外敷硫酸镁等均未见效。治疗：鱼腥草注射液，肌内注射 20mL，后海穴注射 10mL。翌日，又取同样剂量的鱼腥草注射液，肌内注射 1 次，痊愈。（何武军，T58，P19）

（5）1996 年 6 月 20 日，丰宁县选营乡偏道子村于某的 1 只小尾寒羊母羊，于产羔 10 天后患乳腺炎，排乳困难，食欲减退来诊。治疗：取方药（3），用法相同。翌日，病羊乳房肿胀消退。继续敷药 3 次，痊愈，泌乳正常。（骆文华，T92，P28）

（6）1983 年 2 月 21 日，礼县上坪乡养羊户王某的 1 只 3 岁白色奶山羊患病就诊。主诉：2 月 10 日，该羊一胎产 4 只羔羊，产后 10 天乳房红肿，恶寒战栗，高热，体温 40.5℃，行走时后肢蹒跚，拒绝羔羊吮乳，曾诊为急性乳腺炎，注射青霉素 3 天，高热稍减轻，但肿块又大又硬，触及疼痛难忍，时而呻吟。检查：病羊畏寒颤抖，精神沉郁，不进草料，喜卧，拒绝哺乳，粪带少量白色黏液，尿短黄，两乳房有小儿拳头大的肿块，皮色紫红，触摸疼痛明显，苔黄，舌边尖红。诊为乳痈（尚未成脓）。治疗：取方药（4），用法相同；同时将蒲公英捣烂如泥，兑白酒外敷乳房患部，干后即换，每天数次。连续治疗2天，病羊乳房肿块变软缩小，热退，疼痛减轻，精神、食欲好转，粪尿正常。方药（4）去大黄，再服2剂，痊愈。（刘九一，T18，P52）

（7）2005年5月4日，化隆县二塘乡科某的1只3岁小尾寒羊患病就诊。主诉：该羊于产后第3天右侧乳房肿胀，乳汁稀薄、色淡黄，有少量的絮状物，乳量减少。检查：病羊左侧乳房有一8cm×10cm肿块，质地硬，疼痛拒按，皮温增高，乳房表面静脉怒张，口色青，脉弦涩，体温41.2℃。治疗：金银花25g，蒲公英30g，连翘15g，当归14g，瓜蒌、丹参、赤芍、柴胡、乳香、知母各12g，穿山甲（炒）、黄芩、没药、王不留行各10g，甘草3g。共研末，开水冲调，候温灌服，每天1剂。患部用盐水每天热敷2次，适当按摩；鲜蒲公英捣烂，热酒调和，用布包敷；青霉素、链霉素生理盐水溶液乳房注入，每天2次，连用3天，痊愈。

（8）2005年6月5日，化隆县二塘乡角扎村才某的1只4岁小尾寒羊患病就诊。检查：病羊整个乳房肿胀，拒绝羔羊吮乳，乳汁稀薄、呈淡黄色、混有絮状物、凝乳块和血液，精神沉郁，食欲废绝，反刍停止，呼吸迫促，患部乳房红肿、热痛明显，后躯发硬，运动困难，体温42℃，口色红，鼻镜干，脉洪大。治疗：金银花25g，蒲公英30g，连翘15g，知母、瓜蒌、丹参、天花粉、川芎各12g，当归14g，黄芩、穿山甲（炒）、乳药、车前子各10g，甘草3g。水煎取汁，候温灌服，每天1剂。10%维生素C注射液、20%安钠咖注射液各2mL，10%葡萄糖注射液300mL，静脉注射。乳酸红霉素100万单位，氢化可的松注射液20mL，用注射用水溶解，静脉注射；盐水热敷乳房，每天2次；鲜蒲公英，外敷，每天2次；青霉素、链霉素，乳房注射，每天2次。连续治疗2天，病羊体温正常，精神好转，食草量少，乳房红肿、热痛症状明显减轻。停用西药；上方中药减为清热解毒药的剂量，王不留行、漏芦、皂刺、穿山甲各加至15g，用法同前，每天1剂；局部用药同前。继续治疗3天，病羊乳房和全身症状消失，痊愈。（朱文浩，T144，P49）

（9）1985年3月7日，黄县东江乡阎家村战某的1只奶山羊患病就诊。主诉：该羊吃草很少，不反刍，乳汁热、呈粉红色。检查：病羊体温41℃，呼吸喘促，乳房淋巴结肿大，乳房发热，乳汁色红、清稀。治疗：庆大霉素32万单位，生理盐水100mL，混合，乳头管注入，每天2次；复方公英汤加蒲黄25g，仙鹤草20g，用法同方药（6）。连续用药2天，病羊乳汁色泽微黄，吃草、反刍恢复正常。又服中药2剂，痊愈。

（10）1985年4月20日，黄县东江乡大随家村随某的1只奶山羊患病就诊。主诉：该羊产奶量逐渐减少，乳房硬，饮食正常。检查：病羊右乳房有硬结块，乳汁清稀。治疗：复方公英汤加浙贝母15g，夏枯草20g，郁金、当归各30g。水煎取汁，候温灌服（用药汁抹羊鼻后，多数羊能自饮），用布包热药渣外敷。连服6剂，病羊乳房结块消散，产奶量恢复80％。（曹纯善等，T22，P31）

（11）1981年6月12日，商丘市路河乡大烟庄李某的1只2岁白色奶山羊患病来诊。主诉：该羊数日内将生产，昨天吃草不多，乳房肿大，不时叫唤。检查：病羊精神沉郁，反刍停止，闭目似睡，体温39℃，呼吸20次/min，心跳85次/min，乳房红肿、热痛，两后肢张开，不愿行走，结膜潮红，口干，尿短赤。诊为急性乳腺炎。治疗：取方药（7），用法相同，连用3天，痊愈。

（12）1983年7月5日，商丘县侯园村郭某的1只3岁白色奶山羊患病就诊。主诉：该羊产羔已1周，7月3日拒绝羔羊吮乳，不吃草，不反刍。检查：病羊精神高度沉郁，体温40℃，呼吸23次/min，心率88次/min，乳房红肿、热痛、有硬块，拒绝触摸，拒绝羔羊吮乳，乳汁清稀，乳量减少，结膜发绀，两后肢张开，不愿行走，回头望腹，口干，尿短赤。诊为急性乳腺炎。治疗：取方药（7），用法相同。畜主带4天外敷药自行治疗，随后追

访，痊愈。（刘万平，T13，P56）

（13）1988 年 7 月 6 日，长治市壶口村李某的 1 只 2 岁、体重约 50kg、膘情一般的白色奶羊患病就诊。主诉：该羊已产羔 20 多天，乳房右侧乳头被羔羊咬伤，肿胀，哺乳时疼痛，乳头周围有一肿块。检查：病羊乳房肿大，排乳不畅，右侧乳头糜烂，乳头周围有肿块、呈微红色，按之疼痛、无波动感，体温 39℃，口色红。诊为乳头损伤型乳腺炎。治疗：朱冰炉滑膏，外敷，每天 2 次；清热解毒汤，用法同方药（9）①。第 3 天，病羊乳头糜烂明显减轻，肿块缩小，体温已降至正常。继续用原方药治疗，10 天后痊愈。

（14）1988 年 12 月 10 日，长治市郊区张某的 1 只 3 岁、体重约 60kg、白色短角奶羊患病就诊。主诉：前几天未按时挤奶，该羊乳房肿大并有一肿块。检查：病羊体温 39.8℃，乳房肿大，皮色正常，触之有鸡蛋大的肿块、疼痛、无波动。诊为乳房肿块型乳腺炎。治疗：黄石散，外敷；逍遥散加减，用法同方药（9）②。第 3 天，病羊体温正常，乳房肿块消退。继续用原方药治疗 7 天，痊愈。（王二有，T55，P46）

（15）1989 年 5 月 19 日，临朐县柳山镇后瞳村李某的 1 只奶山羊，于产后第 3 天发生乳腺炎就诊。检查：病羊精神沉郁，乳房肿大、呈紫红色、发硬、疼痛，体温升高至 40.8℃，治疗：取方药（10），用法相同，2 剂痊愈。

（16）1990 年 7 月 12 日，临朐县辛山乡张某的 1 只奶山羊，产后 20 余天，放牧时因乳房被酸枣刺刺破感染就诊。检查：病羊乳房呈青紫色，伤口破溃流脓，体温 41.6℃，精神沉郁，食欲废绝。治疗：局部行常规处理；取方药（10），去当归、川芎，加连翘 50g，用法相同，连服 5 剂，痊愈。（李先启，T64，P34）

（17）2002 年 6 月 4 日，蒲城县上王乡东芋 2 社张某的 1 只约 80kg 羊患病邀诊。主诉：该羊昨日下午放牧时食欲正常，今天早上突然食欲废绝，卧地不起，时而呻吟，耳鼻俱凉。用复方氨基比林、青霉素、柴胡注射液治疗后病情反而有所加重。检查：病羊精神不振，卧地不起，头低耳耷，不时呻吟，体温 42.3℃，呼吸粗粝，耳鼻、四肢不热，听诊心律快，心率 108 次/min，瘤胃蠕动音弱，1 次/2min，口舌干燥、无津、色红，粪干、尿少、色黄，左侧乳房乳头青紫，触之冰冷，疼痛敏感，乳房柔软，挤出大量黑红色血水样坏死液约 500mL，无臭味。诊为急性坏死性乳腺炎。治疗：柴胡、连翘、金银花各 30g，蒲公英、紫花地丁各 40g，黄芩 35g，大黄、赤芍、当归各 30g，丹参 50g，桃仁 25g，生甘草 15g。水煎取汁，候温，分 2 次灌服，每天 1 剂，连服 5 剂。青霉素 320 万单位，链霉素 200 万单位，注射用水 5mL，30%安乃近 20mL，混合，肌内注射，每天 2 次，连用 5 天。取 3%双氧水 50mL，缓慢注入乳房后轻轻按摩数次，挤出灌注液，每次冲洗 2 次，每天1次，连续冲洗 3 天。8%硫酸镁 1500mL，热敷乳房，每天 2 次，30min/次，连敷 5 天。病羊乳房青紫色明显减退，能挤出少量粉红色乳汁，疼痛显著减轻，体温正常。停止乳房冲洗和热敷；继服上方中药 2 剂；青霉素、链霉素、安乃近，肌内注射 2 天。1 个月后随访，该羊一切正常。（刘成生，T129，P31）

（18）兰坪县西菜园养羊户和某的 2 只奶山羊患病就诊。主诉：近 1 个月来发现该羊挤出的乳汁中有脓丝和血丝。检查：病羊体温 41℃，呼吸 21 次/min，心率 75 次/min，瘤胃蠕动音正常，触摸乳房发热、有波动感，手压留痕、疼痛。诊为急性化脓性乳腺炎。治疗：取青霉素溶液，注入乳池，冲洗乳腺，每天 2 次，连用 3 天；取方药（12），用法相同。每天上午，取 5%葡萄糖盐水 500mL，青霉素 400 万单位，地塞米松磷酸钠注射液 5mL，混合，缓慢静脉注射，下午，取青霉素 240 万单位，链霉素 2g，病毒灵注射液 20mL，混合，肌内注射。连续治疗 4 天，病羊的乳汁中再未发现脓丝和血丝。效不更方，继用上方药治疗，1 周后痊愈。（张仕洋等，T145，P65）

（19）2007 年 4 月 20 日，隆德县陈靳乡陈靳村柳某的 1 只奶山羊患病就诊。检查：病羊乳房肿胀、触之有硬块，乳汁不畅，舌苔薄黄。诊为慢性乳腺炎。治疗：透脓散加味，用法见方药（13）。服药 1 剂，病羊的病情明显好转。效不更方，次日再服药 1 剂，痊

愈。（周静，T50，P57）

（20）2008 年 10 月 24 日，余庆县花山苗族乡洞水村何某的 1 只母羊，于产羔后发病就诊。主诉：该羊已产羔 12 天，现食欲减退，乳房肿胀。经检查，确诊为乳腺炎。治疗：按摩乳房，挤净已变质的乳汁；取仙人掌，捣碎后敷于乳房周围；青霉素 400 万单位，乳头管注射。次日，病羊乳房红肿消退。继续用药 1 次。第 3 天，病羊乳房肿胀消除，体温恢复正常，开始正常泌乳，痊愈。（孙林慧，T161，P70）

乳房瘙痒

乳房瘙痒是指羊的乳房局部发红、瘙痒的一种病症。一般产后多发。

【病因】 本病与血虚有关。

【主症】 病羊乳房发红、奇痒，跳动踢抓或蹲下揩痒，瘙痒不已，频频排少量粪、尿，尿呈黄赤色。

【治则】 养血活血，息风止痒。

【方药】 生地黄、牡丹皮、防风、牛蒡子各 12g，当归尾、蝉蜕、钩藤各 8g，赤芍、竹叶、夏枯草各 10g，甘草 5g。共研细末，开水冲调，候温灌服。

【典型医案】 1983 年 4 月 29 日，汉中市某养羊户的 1 只重约 45kg 的莎能奶山羊患病来诊。主诉：该羊生产 8 天后乳房开始发痒，已 7 天，先是间歇性踢擦，采食、睡卧无影响，现病情加重。检查：病羊消瘦，乳房发红、奇痒，跳动踢擦或蹲下揩痒，瘙痒不已，两眼结膜潮红，左耳热，右耳凉，尾巴不时翘动，两侧腹股沟部呈节律性震颤，频频排少量粪尿，尿呈黄赤色，体温 39℃，皮温略高，呼吸、心跳频数，但节律整齐，口色暗红，口津黏少，脉细数无力。仔细检查，未发现皮肤寄生虫损伤痕迹，也没有湿疹。诊为产后血虚、肝经风动性瘙痒。治疗：取上方药，1 剂，用法相同。上午 11 时服药，下午 3 时病羊瘙痒停止，5 时采食和运动正

常，痊愈。（冯昌荣等，T4，P30）

缺 乳

缺乳是指母羊在泌乳期因气血不足或患病，引起乳量逐渐减少的一种病症，又称乳汁不足。

【病因】 由于饲养管理不善，饲料单一或不足、母羊过肥或过瘦、早配或早产，乳腺发育不良，老龄母羊分娩时体质较差，内分泌失调造成激素分泌功能紊乱，或分娩时细菌感染，或患全身性疾病、传染病等均可引发本病。

中兽医认为，乳汁为血化生，赖气以运行。血虚则乳汁无以化生，气虚则乳汁难以运行，故乳汁稀薄缺少；或猛受惊吓，导致肝木不舒，气血瘀滞，经脉壅滞，致使乳汁不能运行而缺乳。

【主症】 本病分为气血虚弱型和气血瘀滞型。

（1）气血虚弱型。病羊乳量减少或无乳，乳房缩小而柔软，外皮皱褶，触之不热不痛，羔羊吸吮有声，不见吞咽，口色淡白，无舌苔，脉细弱。

（2）气血瘀滞型。病羊乳汁不通，乳房胀满、触之硬或有肿块，手挤有少量的乳汁流出，食欲减退，舌苔薄黄，脉弦数。

【治则】 养血补气，理气通乳。

【方药】

（1）王不留行3份，白通草2份，炒穿山甲珠2份，香白芷2份，川木瓜1份，共研细粉，100～200g/次，黄酒100mL为引，灌服。母羊体质差者加黄芪、党参各50g，当归25g，猪蹄100g，煎汁，或加米虾60～100g，掺入灌服。（楼翰信，T14，P42）

（2）芹根红糖汤。新鲜芹菜根，洗净，500g（干品减半），加水1500mL，武火煮沸后文火煎煮15～25min，取汁300～500mL，加红糖200g，候温灌服，每天2剂。共治疗83例（含其他家畜），治愈75例。

（3）鲜莴苣叶，5kg/次，或干叶0.5kg，松枝叶50g，金银花

50g。加水 3500mL，煎煮至 2500mL，加红糖 100g 为引，候温灌服或自饮。共治疗（含猪、牛）108 例，治愈率 98%。（李子良，T109，P21）

（4）气血虚弱型，药用补中益气汤加味：当归、橘皮、白术、益母草、通草各 20g，黄芪 40g，党参 30g，柴胡、升麻、川芎、桃仁、甘草各 10g。共为细末，开水冲调或水煎取汁，候温灌服。

产前，用活血通络方以补气养血：当归、茯苓、白术、栀子、黄芩、蝉蜕、天花粉、黄药子、白药子各 30g，黄芪、党参各 60g，蒲公英、连翘、白芷、牛蒡子各 40g，桔梗、雄黄、黄柏各 25g，白矾 20g，甘草 15g。共为细末，开水冲调或水煎取汁，候温灌服。

气血瘀滞型，药用下乳通泉散：当归 30g，白芍、生地黄、柴胡、天花粉、穿山甲（炮）、川芎、青皮各 20g，漏芦、桔梗、通草、白芷各 15g，木通 10g，王不留行 40g，甘草 15g。共为细末，开水冲调，候温灌服。或逍遥散加味：当归、白芍、白术、王不留行各 40g，柴胡、茯苓、薄荷、穿山甲、路路通各 30g，蒲公英 60g，皂角刺、通草、紫苏子各 25g，甘草、生姜各 20g。共为细末，开水冲调，候温灌服或水煎取汁，候温灌服。（何香花，T110，P20）

（5）党参、当归、黄芪各 15g，王不留行、穿山甲（炮）、麦冬各 10g，加红糖 100g 为引。共研末，开水冲调，候温灌服，每天 1 剂，连服 3～5 天；5% 葡萄糖注射液 300mL，垂体后叶素 20 单位，混合，静脉注射，每天 1 次，连用 3 天。

【防制】　加强生产母羊的饲养管理，饲喂富含蛋白质的饲料、青干草、多汁及动物性饲料，增强母羊的泌乳能力。

【典型医案】

（1）淅川县魏庄村李某的 1 只母羊患病就诊。主诉：该羊已生产羔羊 3 只，产后乳汁少、稀薄，哺乳时间间隔 4～5h，羔羊因饥饿鸣叫不已。检查：病羊体瘦毛焦，卧多立少，精神不振。诊为营养不良性缺乳。治疗：芹根红糖汤，用法同方药（2）。嘱畜主加强营养。翌日，病羊泌乳正常。（刘家欣等，T91，P30）

（2）2002 年 5 月，门源县浩门镇南关村马某的 1 只初产、南江黄羊患病来诊。主诉：该羊分娩后泌乳正常，3 天后乳汁逐渐减少至无乳，所产羔羊只得用牛奶喂养。检查：病羊精神沉郁，消瘦，采食量减少。治疗：取方药（5），用法相同，每天 1 次，连服 4 天；5% 葡萄糖注射液 300mL，垂体后叶素 20 单位，混合，静脉注射，每天 1 次，连用 3 天。病羊泌乳恢复正常。（李德鑫，T122，P36）

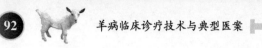

血　乳

血乳是指羊的乳汁中混有血液的一种病症。

【病因】　由于羊长期舍饲，草、精料充足，运动不足，致使羊体营血过盛，脾肝统藏不及，血盛脉充，难循经脉，妄行而下注乳池发生血乳。

【主症】　病羊精神、食欲、粪尿均正常，乳房无红肿、热痛，但一侧或两侧乳汁呈粉红色，盛于玻璃杯中静置 10min，杯底有明显的红色沉淀物，倾去上层淡粉红色乳汁，肉眼可见杯底的鲜血。

【治则】　清热解毒，凉血止血。

【方药】　蒲公英、板蓝根各 10g，黄柏 12g，茜草 6g，三七 3g，白及 9g。共研细末，开水冲调，候温灌服。

【典型医案】

（1）1984 年 7 月 20 日，伊金霍洛旗阿镇粮站王某的 1 只奶山羊患病就诊。检查：病羊的一侧乳房的乳汁发红，乳汁量多，挤乳时有空虚感，乳房略增大，但无红、热、痛感；取其 750g 乳汁，静置 10min，杯底沉积血液 150g。治疗：先用仙鹤草素、止血敏等针剂治疗 3 天无显效，第 4 天，改服上方药 1 剂，用法相同。第 5 天，病羊乳汁红色变淡。又服药 1 剂，第 8 天，病羊乳汁中已看不到血色，挤乳时也无空虚感。

（2）1985 年 4 月 16 日，伊金霍洛旗养羊户魏某的 1 只奶山羊，因两侧乳房乳汁混有血液就诊。治疗：先取焦蒲黄、仙鹤草、

玄参、生地黄等中药 2 剂，治疗 3 天未显效，改服上方药，2 剂，用法相同。22 日痊愈。（刘赫宇，T20，P63）

产后漏乳

产后漏乳是指母羊产后乳头括约肌松弛或麻痹，乳汁从乳孔自溢不止的一种病症。

【病因】　由于妊娠后期或产后母羊营养缺乏，饲养管理不善，导致中气下陷，脾气失统，气不摄乳而流漏。

【辨证施治】　临床上分为气虚型和气血双虚型。

（1）气虚型。病羊精神不振，食欲减退，四肢无力，倦怠喜卧，站立或稍运动时乳汁则自行溢出，有时呈细线状流出，乳汁稀薄，乳房外观基本正常，口色淡红，脉沉细。

（2）气血双虚型。病羊精神沉郁，食欲减退，气短，体质瘦弱无力，运步缓慢，乳房轻微皱缩、触之柔软，有乳汁不断溢出、质地清稀，口色淡白，脉细弱。

【治则】　补中益气，固气摄乳。

【方药】　黄芪 35g，党参、升麻、柴胡、陈皮各 20g，当归、炒白术、山药、茯苓各 25g，炙甘草 15g，姜、枣为引。气虚甚者加山药、茯苓等；自汗严重者黄芪用量加倍；血虚者加川芎、熟地黄、白芍等。水煎取汁，候温，分 2 次灌服，每天 1 剂，连服 3～5 剂。（杨铁矛等，T131，P41）

【防制】　加强妊娠母羊的饲养管理，适当提高饲料营养价值，增加蛋白质、多种维生素含量。

产后虚弱

产后虚弱是指母羊产后机体出现虚弱的一种病症。

【病因】　多因母羊妊娠期间饲料品质低劣，营养不良，加之产程比较长且出血多，产后泌乳量多，导致母羊脏腑气衰，气血不足，机体营养供给与消耗之间失衡而发生产后虚弱。

【主症】　病羊体质衰弱，精神沉郁，被毛粗乱，体温正常或偏低，心律快，脉搏微弱，呼吸在安静时缓慢无力，稍有活动则气喘，前胃弛缓，体表末梢发凉，口色淡白、滑利。严重者产后偏瘫，多卧少立，乳汁短少。

【治则】　补中益气，健脾养血。

【方药】　补中益气汤加味。黄芪 60g，当归、党参、白术各 30g，陈皮 20g，升麻、生姜、柴胡各 15g，生甘草 10g，大枣 5 枚。心力衰弱者加麦冬、五味子、何首乌各 20g，熟地黄 30～50g，砂仁 15g；风寒感冒者加防风、荆芥、羌活、独活、白芷各 20g，细辛 10g；粪稀软者加苍术 25g，厚朴、砂仁各 15g，干姜 20g，木香 10g；食滞者加山楂、神曲各 40g，枳壳 20g；内热、喘促、粪球小干燥似小豆或黄豆大者减生姜、大枣，加知母 15g，黄芩、连翘、金银花各 20g，玉片 30～40g，大黄 30～50g。每剂水煎 2 次，20min/次，两次滤汁不少于 1200mL，1 次灌服，每天 1 剂，连服 1～3 剂。取 10％葡萄糖注射液、糖盐水各 500mL，10％安钠咖注射液 10mL，维生素 C 注射液 20～30mL，5％氯化钙 50～100mL，或 10％葡萄糖注射液、复方盐水各 500mL，10％糖酸钙注射液 50～100mL，维生素 C 注射液 20～30mL，静脉注射。感冒时间较长兼有内热、呼吸较粗、口红尿黄者，取 10％葡萄糖注射液、糖盐水各 500mL，10％安钠咖注射液 10mL，30％安乃近注射液 20mL，10％磺胺嘧啶钠注射液 50～100mL，氢化可的松注射液 10～20mL，静脉注射；前胃弛缓兼瓣胃阻滞、粪球干燥如小豆或黄豆大者，取糖盐水、复方生理盐水各 500mL，10％浓盐水 50～80mL，10％安钠咖注射液 10mL，静脉注射；伴有风寒症状者，除用上述药物静脉注射外，取 30％安乃近注射液 20mL，地塞米松注射液 5mL 或维生素 B_1 注射液 10mL，肌内注射。共治疗 300 余例，均收到了满意效果。

【防制】　冬季 3 个月应对妊娠母羊补喂全价饲料，增加营养。产后极度虚弱者应及时采用西药静脉注射，提高血糖、血钙水平。

产后虚弱、饮食欲废绝者要及早诊治，不能单纯灌服健胃散，以免延误病机。

【典型医案】　2008 年 2 月 20 日，陇县天成镇黄家沟村黄某的 170 余只莎能奶山羊，每年产羔羊 200 余只，几天前突然死亡 2 只羔羊，刚产下的 6 只羔羊也相继死亡，现几只成年羊也精神不振，用健胃散、安乃近治疗无效就诊。检查：病羊体弱毛燥，5 只病羊精神沉郁，体温 37～38℃，心律快，呼吸平稳，多卧少立，耳鼻不温，瘤胃蠕动音弱，反刍减少，被毛粗乱干枯，饮水少，食欲废绝。治疗：10％葡萄糖注射液、糖盐水各 500mL，5％氯化钙注射液 100mL，10％安钠咖注射液 10mL，10％维生素 C 注射液 30mL，静脉注射；黄芪 60g，当归、党参、白术各 30g，麦冬、五味子、何首乌、陈皮各 20g，升麻、柴胡、生姜、砂仁各 15g，熟地黄 30～50g，甘草 10g，大枣 5 枚（为 1 只羊药量）。5 剂，水煎 2 次，取药汁不少于 7500mL，候温灌服，750mL/只，每天 1 次，连服 2 次。第 3 天，病羊的病情好转。效不更方，又取原药 5 剂，共为末，开水冲调，候温灌服，2 次/只，每天 1 次，痊愈。（王培军等，T157，P64）

产后自汗和盗汗

母羊产后涔涔汗出、持续不止者称为产后自汗；产后夜间及白天休息时出汗较多，正常活动时出汗较少或无汗者称为产后盗汗。

【病因】　由于饲养管理不善，饲料单一，营养不良，导致羊功能衰退，气血亏损，脏腑运化无力，营卫不固，腠理疏松，分娩时又耗损气血，导致羊体阴阳俱损，虚弱，产后自汗或盗汗。

中兽医认为，由于产时或产后失血过多，阴血骤失不能敛阳，阳气外浮，津液随之外泄；或因产程过长，气血耗损，气随血耗，卫外不固，腠理不实而自汗不止。

【主症】　一般于产后 1～2 天开始出汗。少数病羊出汗较少，且在休息或夜间出汗，活动后出汗停止。多数病羊出汗较多，不能自止，运动后加剧。患病羊素体虚弱，精神不振，口腔干燥，口色淡白，有饮食欲，乳汁分泌正常。当处于比较寒冷的环境中，病羊被毛上形成白色露珠，用手触摸全身被毛湿透，严重时如同水洗一般；呼吸、心律和体温正常。

【治则】 补中益气，敛阴止汗。

【方药】

（1）阴虚盗汗者药用党参、麦冬、五味子、牡蛎、浮小麦；阳虚自汗者药用党参、麦冬、五味子、牡蛎、黄芪、防风、白术、甘草、大枣。水煎取汁，候温灌服。

（2）当归六黄汤加减。当归、生地黄、熟地黄、麻黄根、浮小麦各15g，黄连5g，黄芩10g，黄柏12g，黄芪30g。水煎取汁，候温灌服，每天1剂。

【防制】 母羊妊娠期间和产后应多喂精料和多汁饲料，补喂全价饲料，增加营养，使其气血充足，预防盗汗和自汗。

【典型医案】

（1）2003年1月，武威市凉州区金羊乡养羊户赵某的1只小尾寒羊生产羔羊4只，于产后当天患病就诊。检查：病羊精神、饮食、呼吸、心跳、体温均正常，胃肠音稍弱，口腔干，口色淡，全身被毛湿透。诊断为产后阳虚自汗。治疗：党参25g，黄芪15g，麦冬、五味子各20g，牡蛎、防风、白术各10g，甘草、大枣各5g。水煎取汁，候温灌服。服药1剂，病羊症状好转；服药2剂，痊愈。

（2）2002年12月，武威市凉州区松涛乡养羊户王某的1只小尾寒羊生产羔羊3只，于产后第2天患病来诊。检查：病羊营养不良，体瘦，精神沉郁，呼吸、心跳较快，体温正常，有饮食欲，胃肠音蠕动弱，产奶量比较高，被毛湿透、表面有水珠。诊断为产后气虚自汗。治疗：党参、麦冬各25g，五味子、黄芪各20g，牡蛎、防风各10g，白术15g，甘草、大枣各5g。水煎取汁，候温灌服。服药1剂，病羊精神好转，恢复正常。（李绪权，T123，P31）

（3）1986年8月14日，靖边县杨桥畔乡沙石峁村韩某的1只

4 岁母羊患病来诊。主诉：该羊食欲正常，但近 1 个月来每日早晨被毛潮湿，严重时出现汗珠，下午症状消失，其余未见异常。诊为盗汗。治疗：取方药（2），2 剂，嘱畜主带回水煎取汁灌服。随后追访，该羊服药后症状消失，未再复发。（王岐山，T34，P28）

产后瘫痪

产后瘫痪是指母羊产后突然发生以咽舌麻痹、肠道麻痹、知觉消失及四肢瘫痪为特征的一种病症。一般于产后 1～3 天发病。

【病因】 母羊（尤其是小尾寒羊）妊娠期间由于饲养管理不善，营养供应不足，产程中又损耗大量元气，产后又泌乳量过多，导致母羊脏腑气衰，气血不足，代谢异常，微循环障碍而瘫痪。

【辨证施治】 本病分为典型生产瘫痪和非典型生产瘫痪。

（1）典型生产瘫痪。一般发病急剧，从开始发病到典型症状出现需 3～12h。初期，病羊食欲减退或废绝，反刍、瘤胃蠕动及排粪排尿停止，泌乳量下降，精神委顿，不愿走动，步态强拘，站立不稳，肌肉震颤；卧地后不能自行站立，有时四肢痉挛，呈现一种特征卧姿——胸卧式，四肢屈于躯干之下或伸向后方，头起初向前伸直，靠在地上，向一侧弯曲至胸部。后期，病羊昏睡，角膜反射微弱或消失，瞳孔散大，体温降至 36～37℃，心跳加快，呼吸深慢，脉搏先慢、弱，后稍快，进而微弱，若不及时治疗，1～2 天死亡。

（2）非典型生产瘫痪。病羊精神沉郁，体温正常或略低，反刍停止，食欲废绝，胃肠蠕动弛缓，排粪减少，常卧地，站立、运动困难，头颈部姿势不自然，由头部到鬐甲部呈"S"状弯曲。

【治则】 补中益气，强筋壮骨。

【方药】

（1）党参、白术、益母草、黄芪、甘草、当归各 30g，白芍、陈皮、大枣各 20g，升麻、柴胡各 10g。水煎取汁，候温，加白酒 100mL，灌服，每天 1 剂。共治疗 68 例，全部治愈。

(2) 当归、熟地黄、白芍、青皮、白术、茯苓、黄芩各 15g，党参、黄芪各 20g，川芎、艾叶、小茴香、甘草各 10g。水煎取汁，候温灌服，每天 1 剂；10％葡萄糖注射液 500mL，10％氯化钙注射液 50mL，10％安钠咖注射液、10％维生素 C 注射液、维生素 B_1 注射液、氯化钾注射液各 10mL，10％氯化钠注射液 50mL，混合，静脉注射，每天 1 次；维丁胶性钙注射液 6mL，肌内注射，每天 1 次。

【防制】　母羊在妊娠期和产后 7～10 天应多喂精料和多汁饲料，使其气血充足，精气旺盛。妊娠期间进行必要的运动，保证母体气机通畅。产后立刻给予大量的温盐水或稀米粥。

将病羊移置安静温暖的羊舍内饲养，羊卧地处铺一层较厚的干麦草，每天人工翻动羊体 2～3 次，防止发生褥疮。

【典型医案】

(1) 1998 年 4 月 12 日，肇东市赵家屯刘某的 1 只母羊产羔 4 只，次日瘫痪来诊。检查：病羊四肢屈于腹下，头向前伸直，伏在地上，向右侧弯曲至胸部，精神沉郁，瞳孔散大，体温 36℃，脉搏微弱。诊为典型生产瘫痪。治疗：取方药（1），用法相同。次日，病羊精神好转，头能抬起。继续服药 1 剂，第 3 天病羊能起立活动，食欲明显增加。又服药 1 剂，痊愈。

(2) 1998 年 10 月 15 日，肇东市德昌乡立志村常大全村王某的 1 只母羊产羔 3 只，次日发现走动后躯略摇摆，第 3 天卧地不起、运动困难邀诊。检查：病羊精神沉郁，卧地不起，由头部至鬐甲部呈"S"状弯曲，胃肠蠕动弛缓，体温 37℃。诊为非典型生产瘫痪。治疗：取方药（1），用法相同。服药 1 剂，病羊能起立活动，但仍步态不稳。继续服药 1 剂，痊愈。（王焕章，T116，P28）

(3) 2001 年 11 月 10 日，蓬莱市潮水镇养羊户李某的 1 只临产波尔山羊因瘫痪邀诊。主诉：该羊预产期为 11 月 21 日，现步态不稳，后肢交替负重，起卧时后肢无力，病情逐渐加重，不能站立。检查：病羊头部、前肢均运动正常，体温、脉搏、呼吸正常，精神沉郁，食欲减退，反刍减少，胃肠蠕动音减弱，后肢有疼痛反应，四肢无创伤。诊为生产瘫痪。治疗：取 10％葡萄糖注射液 500mL，10％氯化钙注射液 50mL，10％安钠咖注射液、10％维生素 C 注射液、维生素 B₁ 注射液、氯化钾注射液各 10mL，10％氯化钠注射液 50mL，混合，静脉注射，每天 1 次；维丁胶性钙注射液 6mL，肌内注射，每天 1 次；当归、熟地黄、白芍、青皮、白术、茯苓、黄芩各 15g，党参、黄芪各 20g，川芎、艾叶、小茴香、甘草各 10g。水煎取汁，候温灌服，每天 1 剂。将病羊移置安静温暖的羊舍内饲养，羊卧地处铺一层较厚的干麦草，每天人工翻动羊体 2～3 次，防止发生褥疮。（孙卜权，T126，P51）

临床医案集锦

【母羊性紊乱】　1994 年 8 月 2 日，新野县全信养羊场的 1 只白色母山羊患病就诊。主诉：该羊食欲废绝已 5 天，只饮少量水，频频鸣叫，时而独立墙角，头低耳耷，时而蹦跳，精神兴奋，阴门肿胀、红润，不时翘尾，拒绝交配。检查：病羊体温、心律、呼吸均未见异常。治宜调经活血，养阴益气。药用蒲黄 30g，益母草 50g，灵芝、生地黄各 20g。水煎取汁，候温灌服。第 2 天，病羊鸣叫停止，出现食欲。继续服药 1 剂，痊愈。28 日追访，该羊已妊娠。（王宽德，T87，P44）

第四章

传染病

羊　痘

羊痘是由羊痘病毒引起的以羊皮肤和黏膜上发生特殊丘疹和疱疹为特征的一种急性热性传染病。

【流行病学】　本病病原为羊痘病毒。主要通过呼吸道感染，亦可通过损伤的皮肤或黏膜侵入机体。凡被污染的草场、水源、厩舍和饲养用具均可成为传播媒介。冬末春初，气候严寒，饲养管理不善等因素都可诱发本病或加重病情。细毛羊和改良羊较粗毛羊发病率高，病情亦较重；羔羊比成年羊敏感，死亡率亦较高；部分妊娠母羊流产。一年四季均可发生，以冬春季节多见。

中兽医认为，痘疹是湿热毒气发于肌表的一种时疫，多为暑热炎天，湿地放牧，湿热邪毒侵入机体，久则化毒而致病；或因圈舍潮湿污秽，湿热之气侵袭，进而透于肌表而生成痘疮，其后可彼此接触传染。

【主症】　病羊精神萎靡不振，体温升高至 41～41℃，食欲减退，眼肿流泪，鼻孔有黏性分泌物，呼吸加快，伴有咳嗽，间有寒战。经 2～3 天，病羊嘴唇、面部、鼻部、外生殖器、乳房、腿内侧等无毛区及短毛区皮肤上发生绿豆大的红色斑疹、丘疹，此时体温开始下降，2～3 天后逐渐形成水疱，数日后结成棕色痂皮，脱落后留下红斑。一旦水疱被细菌感染则转为脓疱，体温再次回升，之后难以结痂、脱落。

【病理变化】 尸体极度消瘦，有的头部肿胀，触摸体表有大小不等的结节或成片的硬块；皮肤无毛处能看到各期痘疹；肺水肿，支气管内有较多的血色泡沫状液体；心脏肿大，心肌变性，心耳有出血点；肠系膜淋巴结肿大，小肠黏膜充血或出血；瘤胃黏膜有扁豆至黄豆粒大的乳白色斑点或结节，内含少量白色脓液，有的糜烂或溃疡；肾脏表面也有许多小米粒乃至扁豆大的白色斑点。流产胎儿的病理变化与成年羊基本相同。

【鉴别诊断】 根据流行病学和全身皮肤大范围丘疹结节和体温升高可作出诊断。应注意与传染性脓疱鉴别。传染性脓疱结节仅发生在唇周围，全身无结节，体温不升高。

【治则】 清热解毒，解表和里，防止继发感染。

【方药】

（1）黄连解毒散。黄连 30g，黄芩、黄柏各 45g，栀子 60g。共为细末，1g/kg，开水冲调，候温灌服，每天 1 次，连服 3 天。或黄连解毒散加减葛根汤：黄连 9g，黄柏、黄芩、紫草、葛根、苍术各 15g，白糖少许，水煎取汁，候温灌服，每天 1 剂，连服 3 剂。青霉素 160 万～320 万单位，病毒灭 10～20mL，肌内注射。体温升高、食欲废绝者，辅以安痛定、地塞米松、维生素 C 等药物对症治疗。共治疗 93 例，治愈 90 例，治愈率为 96.8%。

（2）板蓝二黄汤。板蓝根、栀子、黄芩、黄柏、金银花、连翘、知母、龙胆、玄参、荆芥、防风、甘草（依据体重、年龄确定剂量），水煎取汁，候温灌服，每天 1 剂，连服 2～3 剂。配合青霉素及氨基比林则疗效更佳。共治疗 226 例，其中绵羊 171 例，山羊 55 例，治愈 223 例，治愈率达 98.7%。（翟清宏等，T48，P30）

（3）黄连 100g，射干 50g，地骨皮、栀子、黄柏、柴胡各

25g。混合，加水 10L，文火煎至 3500mL，用无菌操作法，以纱布 3～5 层滤过 2 次，装瓶备用。成年羊 10mL/次，育成羊 5～7mL/次，皮下注射，每天 2 次，连用 3 天。共治疗 117 例，治愈112 例，治愈率 95.7%；对发生羊痘群的 321 只健康羊紧急预防，发病率仅为 1.3%。（孟晓光，T54，P41）

（4）初期，取桎柳、芫荽，水煎取汁，候温灌服。中期，取大黄、黄连、白矾、芒硝、青皮各 30g，黄芩、黄柏、白及、栀子、桔梗、天花粉、柴胡、知母、升麻、陈皮、甘草各 15g，金银花、贝母各 6g，龙胆 9g（为 10 只羊药量），麻油、蜂蜜为引。水煎 2次，取汁混合，200mL/次，2 次/（天·只），灌服。头部肿胀者，选用普济消毒饮（黄芩、黄连、玄参、板蓝根、马勃、牛蒡子、僵蚕、升麻、柴胡、陈皮、枯梗、甘草、连翘、薄荷）。水煎取汁，候温灌服。此外，还可注射抗生素，防止继发感染；对病羊口腔涂擦碘甘油或冰硼散。加强护理，增加精饲料。采食困难者人工饲喂稀粥。对疫点、疫区及其周围的羊群，用羊痘鸡胚化弱毒苗预防接种，共免疫绵羊 1890004 只。用 1%～2%农乐（或烧碱、草木灰水）消毒厩舍，7 天后再重复消毒 1 次。（张国盛等，T45，P10）

（5）将瘦弱、患病母羊和羔羊隔离治疗；取羊痘弱毒疫苗，10～15 头份/只，尾根腹面皮内注射；无临床症状者，4～5 头份/只，皮内注射。注射后的第 3 天，病羊症状缓解，5～6 天痘疹表面结痂，8～9 天痘痂轻剥脱落，痂下疮面已愈合。同群未显临床症状的羊，注射疫苗第 3～4 天再未发病。

（6）荆芥、防风、葛根、升麻、生地黄、玄参、当归、牛蒡子、射干、陈皮、桔梗、甘草各 5g，连翘、金银花、板蓝根各10g，白芷 4g（为 1 只羊药量）。水煎取汁，候温，分 2 次灌服。共治疗 573 例，疗效满意。

（7）葛根汤合病毒灵。葛根、紫草、苍术各 20g，黄连 15g，白糖、绿豆各 50g（为 1 只羊药量），水煎取汁，候温，分 3 次灌服，每天 1 剂；病毒灵 10mL，肌内注射，每天 3 次。共治疗 113例，治愈 108 例，5 例因病重且延误治疗而死亡。

（8）荆荽汤。荆芥 15g，绿豆 30g，白糖 20g，防风、芫荽、薄荷、甘草各 10g，小米粥 200mL。将荆芥、芫荽、薄荷、甘草加水 200mL，煮沸 20～30min，取汁 50mL，再加水 100mL，煮沸 15～20min，取汁 50mL，共取药液 100mL；小米粥 200mL，绿豆 30g，水煮取汁 100mL。将药汁和小米汤混合，候温，加入白糖，分 2 次灌服，连服 2 剂。

（9）升麻葛根汤。升麻、葛根各 20g，赤芍、苍术、生甘草各 15g。病初高热者加黄连、麻黄、薄荷各 15g；粪干硬、尿短赤、结膜红肿者加大黄 20g；病程长且瘦弱者加党参、黄芪各 15g；咳嗽气喘者加前胡、桔梗、杏仁、紫苏叶、桑白皮各 15g；瘤胃运动弛缓、食欲减退者加山楂、麦芽各 20g，枳壳、鸡内金各 15g。水煎取汁，候温灌服，每天 1 剂，连服 3 天。共治疗 75 例，治愈 65 例。

【防制】　对发病羊群进行封锁、隔离和紧急接种疫苗；深埋死羊尸体，用 3％石炭酸或 2.5％克辽林浸泡消毒被毛，用 2％碱溶液或生石灰消毒羊圈，以控制痘病的流行和蔓延。在未发病地区加强疫情监测和防范，禁止病羊及其产品进入。在发病地区限制羊群流动。疫点内病羊较少时可果断加以扑杀，做无害化处理；对疫点、疫区及其周围的羊群，用羊痘鸡胚化弱毒苗预防接种。

【典型医案】

（1）2001 年 12 月 12 日，正定县陈家疃村某养羊户的 24 只绵羊发生羊痘来诊。检查：病羊精神萎靡，体温 41.3～42.0℃，食欲减退或废绝，少数羊眼肿流泪，鼻内流出黏性分泌物，呼吸加快，嘴唇、面部、乳房、腿内侧等无毛区皮肤上发生红色斑疹、丘疹。诊为羊痘。治疗：用生理盐水清洗患部，涂擦紫药水。取青霉素 160 万单位，病毒灭 10～20mL，维生素 C 5～10mL，地塞米松 2～6mg，肌内注射。黄连解毒散合加减葛根汤：黄连 9g，黄柏、黄芩、紫草、葛根、苍术各 15g，白糖少许（为 75kg 羊药量），用法同方药（1），连用 3 剂，痊愈，未再复发。

（孙剑峰，T116，P32）

（2）2004年10月，泰顺县彭溪镇富洋村李某羊场的羊发病邀诊。主诉：羊发病后，曾注射病毒唑、鱼腥草注射液，灌服鱼腥草、菊花、金银花、紫草等中药，连续治疗4天未见好转，哺乳后期母羊死亡1只，瘦弱病羔羊8只。检查：病羊全身可见豌豆至蚕豆大疹块，病重羊流浓涕，微喘，行动缓慢，吃草少。诊为羊痘。治疗：将重病母羊、瘦弱羔羊隔离治疗；尾腹面皮内注射羊痘弱毒疫苗15头份/只。用药后第3天，病羊病情缓解，第5～6天痘疹结痂，第8～9天痘痂轻剥脱落，痂下疮面已痊愈。无临床症状羊皮内注射羊痘弱毒疫苗5头份/只，注射后未见发病。

（3）2006年9月25日，泰顺县叠石乡叠石村陈某羊场的羊，因烂嘴、不食邀诊。主诉：该场有羊152只，其中母羊41只，公羊1只，其余均为羔羊，发病羊55只中有5只母羊。检查：病羊全身皮肤均见豌豆大疹块，少数疹块有蚕豆大，体温升高，个别羊达41.5℃，严重者流浓涕，食欲减退，反刍减少。诊为羊痘。治疗：病羊尾根腹面注射羊痘弱毒疫苗，15头份/只，同群未见症状的羊均注射5头份/只。注射后第3天，病羊症状缓解，第6天痘疹表面结痂，第7天痘痂轻剥脱落，痂下疮面愈合。（简守赞，T163，P75）

（4）1989年3月28日，安西县北沟村李某的25只绵羊患病邀诊。检查：病羊体温41～41.5℃，精神沉郁，食欲减退或废绝，消瘦，卧地不起，鼻流黏液或脓性鼻涕，眼周、口、唇、鼻、颊、四肢和尾巴内侧、乳房、阴户、阴囊、种公羊的包皮等无毛或少毛处出现灰白色或淡红色半球状丘疹，突出于皮肤表面，逐渐变成水疱，内有脓性液体，随后水疱干燥，变为棕色痂块，脱落后遗留红斑。少数病羊头部肿胀，口腔糜烂。治疗：取方药（6），用法相同，连服4剂。头部肿胀者，取银黄注射液或板蓝根注射液4～6mL/（只·次），肌内注射，每天2次；口腔糜烂者，取青黛2g，撒入口腔，每天2次。唇结痂者，用碘甘油或紫药水涂抹患部。（王殿君，T70，P47）

（5）1993 年 6 月 21 日，天柱县社学乡养羊户龙某的 138 只山羊，自 16 日以来有数十只发生痘疮，其他医生治疗 5 天未见好转，先后死亡 25 只，6 只妊娠母羊流产，现羊已全部发病邀诊。检查：大部分病羊体温升高，严重者痘疮遍及全身，有的病羊痘疮大量破溃；多数病羊并发肺炎或结膜炎、口炎及咽喉炎等；鼻流脓液，卧地不起，呼吸困难，痘疮呈扁平形紫红色结节。剖检病死羊可见肺叶布满痘疮，有的呈化脓性结节；细支气管被大量分泌物所堵塞。诊为羊痘。治疗：取方药（7），用法相同，连用 2 天。83 只病羊全身痘疹缩小，成痂脱落，基本痊愈；25 只病羊按原方药继续治疗 2 天，痊愈。（伍永炎，T84，P41）

（6）1990 年 3 月 22 日，临泽县板桥乡板桥村 5 社的 317 只绵羊，先后有 29 只发生羊痘，至 4 月 18 日死亡 13 只，其余 16 只用荆荠汤［见方药（8）］治疗，治愈 15 只，治愈率达 93.75％。（杨生春等，T59，P33）

（7）1999 年 4 月 20 日，内蒙古乌兰察布盟某羊场的 1 只 3 岁母羊，因食欲减退，精神倦怠，邀诊。检查：病羊体温 41℃，心率 95 次/min，呼吸 28 次/min，结膜潮红、肿胀，流黏液性鼻涕，口唇黏膜出现丘疹。根据临床症状和流行特点，结合痘疹组织涂片，诊为绵羊痘初期。治疗：升麻葛根汤［见方药（9）］加黄连、麻黄、薄荷各 15g，用法相同，每天 1 剂，连用 3 剂；同时，口腔破溃处用 0.1％高锰酸钾溶液冲洗，涂以碘甘油，痊愈。

（8）内蒙古乌兰察布盟某羊场的 1 只 2 岁母羊患病就诊。主诉：该羊食欲废绝，喜卧。检查：病羊心率 105 次/min，体温 40℃，呼吸 33 次/min，瘤胃弛缓，眼结膜肿胀，有脓性眼眵，口唇周围有脓疱，口腔黏膜大面积溃疡。根据临床症状和同群羊发病特点，诊为羊痘。治疗：升麻葛根汤［见方药（9）］加山楂、麦芽各 20g，枳壳 15g，用法相同，连服 3 剂，痊愈。（梁金富，T106，P39）

传染性角膜结膜炎

传染性角膜结膜炎是指羊眼睛发生以羞明流泪、结膜及角膜不同程度混浊和溃疡为特征的一种传染性病症。多发生于夏秋季节。

【病因】　本病病原有衣原体、结膜支原体、立克次体、奈氏球菌、李氏杆菌等，其中衣原体是主要病原。羊群在烈日下放牧、缺乏饮水或圈舍狭窄、饲养密度大、通风不良、闷热、蚊蝇等多为传染条件。

中兽医认为，肝火过盛可引起眼睑红肿、睛生翳膜等。外感风热，肝经积热，外传于眼，导致目赤肿痛，云翳遮睛，甚者发生溃烂。

【主症】　初期，病羊羞明流泪，角膜、结膜潮红，眼内排出黏性、脓性分泌物，结膜和角膜出现不同程度炎症，眼睑闭合或半闭合，畏光、疼痛。后期，病羊眼球明显突出，角膜水肿，有灰色或白色翳膜，溃疡，视力减退或消失。

【治则】　清肝明目，消肿止痛。

【方药】

（1）用2%硼酸溶液洗眼、揩干；青霉素40万单位、注射用水10mL，混合溶解，点眼。

（2）石决明散加减。煅石决明、草决明各450g，栀子、大黄、黄药子、菊花、青葙子各300g，黄芩、黄连、郁金、没药、防风、蝉蜕各200g。捣碎，开水冲调，候温灌服，成年羊90g/只，1岁以下羔羊45g/只。

（3）利福平滴眼液，点眼，每天3～4次；氯霉素滴眼液，点眼，每天3次，两者交替使用。柴胡、石决明、赤芍、防风、蝉蜕、茺蔚子各18g，青葙子、香附、谷精草、菊花各12g，灯心草为引。水煎取汁，候温灌服，每天1剂，连服3～7天。共治疗698例，治愈667例，有效31例，治愈率95.6%，总有效率达100.0%。（李广仁，T96，P25）

（4）先用 2%～3% 硼酸或淡盐水洗眼，每天 2～3 次，清除分泌物和其他异物；再用醋酸可的松眼药水或青霉素、金霉素眼膏，或青霉素溶液（每毫升含 500 单位），连用 3～5 天。镇痛用 1%～3% 盐酸普鲁卡因液点眼。角膜混浊或形成角膜翳者，取拨云散 [硼砂、冰片各 3.2g，炉甘石（水飞）1.6g，硇砂 0.6g，共研极细末，过绢箩，装瓶备用]，吹入眼内，每天 2 次，连用 5 天。为加速角膜混浊吸收，也可采用普鲁卡因自家血液疗法：取病羊颈静脉血 3mL，加入 1% 普鲁卡因 2mL，青霉素 20 万单位，混匀（防止凝血），分别于上、下眼睑皮下缓慢注射（进针 0.2cm）。若双眼同时发病，可用同法治疗。

注：采用普鲁卡因自家血液疗法与抗生素的配合使用，能减轻病灶区对中枢神经系统的刺激，同时可促进机体网状内皮系统的增殖，增强机体抵抗力，杀灭病原；对角膜混浊或角膜翳的病羊可促进快速痊愈。当角膜出现云翳时，宜采取中西医结合疗法。

【防制】　一旦发现本病立即隔离、治疗。彻底清除粪便，并作无害化处理；羊舍、饲具和运动场地等进行彻底消毒；夏季用灭害灵喷洒圈舍及周围场地，消灭蚊、蝇等害虫；对病羊采取舍饲喂养，避免强光照射，以利患眼康复。用 20% 草木灰消毒，0.2% 灭毒净带羊消毒，每天 1 次，连用 5 天，以防止病情蔓延。

【典型医案】

（1）1968 年 8 月，绥德县卡家河生产队的 36 只山羊（公羊 1 只、母羊 24 只、羔羊 11 只），因爆发传染性角膜结膜炎邀诊。检查：初期，病羊羞明，大量流泪，角膜、结膜潮红，2 天后眼内排出黏性、脓性分泌物，结膜发炎和不同程度的角膜炎，眼睑闭合或半闭合，畏光，疼痛，全身症状不明显，体温 38.5～39.5℃，心率 80～85 次/min，呼吸平稳，食欲减退。其中 18 只羊眼球明显突出，角膜水肿，有灰色或白色翳膜，仔细观察可见溃疡点，溃疡周围有大小不一的混浊环，视力减退；5 只羊溃疡及混浊波及整个角膜，视力消失。治疗：取方药（1），用法相同。第 2 天，病羊眼睑和结膜肿胀消退，流泪减少，眼睛能睁开，不畏光，云翳变薄变

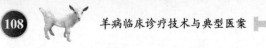

小。第3天，患眼红肿和脓性分泌物均消失，云翳大部分退去。连续服药3剂，全部治愈。（张槐北等，T53，P34）

（2）2002年6月5日，隆德县沙塘镇打食沟村赵某饲养的奶山羊，因羞明、流泪，个别羊失明邀诊。主诉：5月30日，个别羊流泪，随后发病数量增加，25只奶山羊有16只发病，3只失明。检查：病羊羞明、流泪，结膜潮红，眼睑肿胀，其中3只羊角膜混浊或形成同心圆状角膜翳，完全失明。患眼多为双侧。根据流行病学和临床症状，诊为传染性角膜结膜炎。治疗：立即隔离病羊，清理圈舍并消毒；未失明的病羊用3‰的硼酸洗眼，每天3次；醋酸可的松眼药水和青霉素溶液交替点眼，每天3次，5天后全部治愈。失明的3只病羊用3‰的硼酸彻底清洗眼内分泌物，再用普鲁卡因自家血液疗法治疗1次，患眼吹入拨云散［见方药（4）］，每天2次。3天后，病羊症状明显减轻，12天后视力恢复正常。（薛龙君等，T122，P24）

传染性脓疱

传染性脓疱是指羊感染传染性脓疱病毒，引起嘴唇、口角处以丘疹、水疱、脓疱，口腔黏膜化脓、溃疡等为特征的一种接触性传染病，俗称羊口疮。

【流行病学】 本病病原为痘病毒属病毒。主要通过皮肤或黏膜擦伤传播。养殖密集则加速传播；带毒羊经长途运输、抵抗力降低则极易发病。

饲养管理粗放，羊体况低下、抗病力弱，或气温突然急剧下降，外界风邪、疫毒乘虚侵入羊体而发病。放牧羊较舍饲羊多发。

【主症】 病羊精神不振，食欲减退，口角、上下嘴唇、鼻镜出现小而散在的小红斑点，2～3天后形成黄豆大小结节，继而成为水疱和脓疱，脓疱破溃后被黄色或棕色渗出物覆盖形成黑褐色硬痂，牢固地附着在真皮层，呈乳头状增生物，去除龟裂易出血的污秽痂垢后有肉芽组织增生；口腔黏膜潮红、温热，在嘴唇内面、齿龈、舌面和软腭黏膜上有大小不等的脓疱，呈鲜红色糜烂面。病羊全身症状不明显，体温、脉搏和呼吸正常，采食、咀嚼和吞咽困难，口流发臭带泡沫的唾液。

【病理变化】　舌体、心脏和肝脏有出血点，舌、上腭、颊及咽有粗糙和污秽的灰褐色或灰白色伪膜，强力撕脱露出不规则的溃疡面。其他脏器无明显变化。

【诊断】　根据病羊嘴唇周围的增生性桑葚状痂垢可确诊。

【治则】　清热解毒，敛疮生肌。

【方药】

（1）用外科剪和镊子（须消毒）去掉痂皮、脓疱皮、厚痂，用强力消毒灵溶液消毒创面；将冰硼散粉末（冰片 50g，硼砂、玄明粉各 500g，朱砂 30g，研末，混匀）兑水调成糊状，涂抹患部，每 2 天 1 次，连用 2～3 次。同时用强力消毒灵对圈舍、羊体消毒。共治疗 28 例，全部治愈。

（2）病羊隔离饲养。先用 0.1% 高锰酸钾溶液冲洗口腔；取淡豆豉 25g，栀子、石膏、茯苓各 20g，小麦、淡竹叶各 30g，地骨皮、胡黄连各 15g。共研末，取 4～7g 涂于患处，每天 2 次，连用 4 天。全身症状较重者，取青霉素 240 万单位，维生素 C 10mL，维生素 B_1 5mL，肌内注射，每天 2 次，连用 3 天。

（3）去除硬痂或乳头状增生物和污染物，用 0.1% 高锰酸钾溶液冲洗创面，碘甘油与苦豆草粉调成糊状，涂于口唇及齿龈创面上，每天 1～2 次，连用 3～5 天。

早期用冰硼散：冰片、朱砂各 1g，玄明粉、硼砂各 10g。或石膏青黛散：青黛、薄荷各 5g，黄连、桔梗、儿茶、煅石膏各 3g，黄柏 4g。共研细末，将药装入纱布袋中，用温水浸湿后横噙于病羊口中，两端固定，每 2 天换药 1 次，连用 3～5 天。进食时取下，进食后再噙上。

后期用熟地黄芪汤：熟地黄 30g，生黄芪、当归、女贞子、牡丹皮、山药、茯苓、山茱萸、川芎、牛膝各 20g。水煎取汁，候温灌服，每天 1 次，连服 7 天；病毒灵（盐酸吗啉胍片）50mg/次，灌服；碘硝酚注射液 0.5mL，皮下注射，或 5%病毒灵注射液 5～10mL，肌内注射，每天 1 次，连用 3～5 天。为防止继发感染，取青霉素 80 万单位，肌内注射，每天 2 次。

（4）口疮灵。蜂蜜（冬天略加温）250g，冰片 3g，小苏打30g。混合调成膏剂（为 3 次用量，每天 1 次）。将药膏用单层纱布卷成 10cm 柱状，两端另系约 16cm 长的绷带，令病羊噙于口内，将绷带两端分别固定在笼头上。饲喂、饮水时取下。共治疗 328例，治愈率 98.8%。

（5）黄连 8 份，甘草 4 份，明矾 1 份。水煎取汁，待温清洗口腔创面，再涂抹青冰散，每天 3～4 次（本法比西药疗法可提前痊愈 6～7 天）。早、中期，选用余氏清心凉膈散：黄芩、川黄连、栀子、连翘、薄荷、桔梗、甘草。水煎取汁，候温，让病羊自饮或灌服。晚期特别是后期病重羊，选用清咽养营汤：西洋参、大生地黄、天冬、麦冬、干花粉、玄参、茯神、知母、白芍、炙甘草。水煎取汁，候温灌服。未发病者，选用苦参、金银花、黄芩、贯众、泽泻。水煎取汁，候温自饮。选用西药消炎、抗病毒、抗感染。揭去口、舌、唇痂皮，用 0.1%高锰酸钾溶液清洗创口，涂抹碘甘油；同时，取病毒灵、青霉素、维生素 B_2，肌内注射，每天 2 次，连用 3～5 天。对健康羊、假定健康羊、病羊分别隔离饲养；对羊圈及周围环境用 1:3000 菌毒灭进行彻底消毒，对食槽、饮水、饲草等用强力消毒灵消毒。

（6）木菠萝叶合剂。木菠萝（菠萝蜜、树菠萝）黄叶 2 份，大叶桉（桉树、大叶心加利）黄叶 1 份，芭蕉黄叶 1 份。洗净晒干，置锅内烧成灰，研末，筛去粗片，粉末装瓶备用。患部先用 0.1%高锰酸钾溶液清洗，把黑色痂皮和坏死组织撕去，洗净，待看到新鲜组织有少量浆液流出为止，再取 2%明矾水溶液冲洗多次，使伤口彻底干净，纱布擦干，伤口撒上木菠萝叶合剂粉末。轻者用药 1次，重者隔天再用药 1 次，一般 2～3 次治愈。共治疗 8 批 354 只，治愈 348 只，治愈率 98.3%。

（7）唇炎康宁散。党参、白术、玄参、生地黄、麦冬、连翘、金银花、黄连、牡丹皮、生甘草。水煎取汁，候温，分 2 次灌服，每天 1 剂，1 个疗程 3 天。取 5.0%～3.5% 双氧水反复冲洗唇面糜烂溃疡处，再用西瓜霜病毒灵甘油合剂（人用西瓜霜润喉片 100 片，0.1g 病毒灵 200 片，共为细末，加适量甘油调成糊状，现配现用）外涂唇面，每天 1 次，连用 5～10 天。共治疗 1300 余例，有效率 100%。

(8) 大黄 100g，水煎取汁 500mL，配成 3% 的高锰酸钾溶液，涂擦溃疡面，每天早晚各 1 次。初期脓疱、溃疡尚未形成者，用 0.1% 高锰酸钾溶液冲洗口腔，以清除口腔病毒，减少继发感染；齿龈及口腔黏膜上已形成脓疱溃疡者，用硫酸铜-碳酸软膏或硫酸铜-碘甘油合剂效果较好，一般可缩短病程 1 周左右；7% 碘酊，涂擦，每天 1 次；维生素 C 0.5g，维生素 B 20mg，混合，肌内注射，每天 2 次，1 个疗程 3～4 天；病重及患有并发症者，同时注射抗生素或服用磺胺类药物对症治疗。（梁寿庆，T151，P47）

(9) 青黛胆矾散（由青黛、胆矾散等量混合配制而成）。取生矾炼成枯矾，碾成细末，选取健康肥壮的生猪胆囊，取胆汁与枯矾混合，调成糊状，置于阴处自然发酵，待其长霉后晒干，再加胆汁发酵长霉，如此反复发酵 7 次，晒干，碾成细末，备用。

用药前，将羊嘴浸入温热消毒液中，或用纱布浸消毒液热敷患部，以软化硬痂，然后剥干净硬痂，洗净溃疡疮面，涂抹青黛胆矾散，每天 2～3 次，严重者每天 4～5 次。共治疗百余例（5 群），有效率达 100%。

【防制】 应尽早发现病羊，隔离治疗。改善饲养条件，加强护理，消除发病诱因。隔离封锁羊舍、棚圈，周围环境、用具等用 5% 烧碱溶液和 30% 草木灰水等彻底消毒。对没有临床症状的羔羊饮用 0.1% 高锰酸钾溶液。加喂适量食盐，以减少羊啃土，避免创伤感染。

【典型医案】

(1) 1998 年 12 月 16 日，井研县四合乡林场养羊户毛某的羊患病邀诊。主诉：3 天前个别羊口唇周围出现小红斑点，流口水，

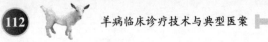

现有 20～30 只山羊口角、口唇周围出现小红斑点、丘疹、水疱、脓疱，少数脓疱破裂后流黄水。检查：病羊两侧口角有小红斑、丘疹、少量水疱（12 只）；口角、上唇皮肤或黏膜形成水疱、脓疱，少数脓疱破裂并有淡黄色渗出液流出，覆盖脓疱，形成疣状厚痂（11 只）；口角四周皮肤和黏膜发生水疱、脓疱、痂垢并互相融合，整个嘴唇肿大外翻、呈桑葚状隆起（5 只）；所有病羊整个下唇皮肤浸湿，口水呈线状沿下唇滴落；食欲、体温基本正常。羔羊、幼龄羊发病多，成年羊较少。诊为传染性脓疱。治疗：立即将发病羊与未发病羊隔离饲养；用 1g/L 强力清毒灵进行圈舍、场地、环境消毒，每天 2 次，直至病羊痊愈为止；取方药（1），按其方法处理创面后，将冰硼散粉末兑水调成糊状，涂抹患部，每 2 天 1 次，连用 2～3 次。治疗 7～10 天，患部痂皮或结痂脱落，痊愈。（廖治清，T96，P37）

（2）2002 年 9 月 3 日，定西县某羊场从山东梁山引进的 100 只小尾寒羊，有 65 例发生以口唇和口腔黏膜出现丘疹、脓疱、溃疡和结节疣状厚痂为主要特征的病症。诊为传染性脓疱。治疗：取方药（2），用法相同。用药后，除 2 只羊因治疗不及时死亡外，其余 63 只羊全部治愈。（王伟红等，T123，P41）

（3）2007 年 9 月 2 日，西宁市某羊场的 6 只大耳羊，因食欲减退，嘴唇、口角出现小而散在的红斑、硬痂或乳头状增生物邀诊。治疗：取方药（3），用法相同。用药至 10 月 10 日，6 只大耳羊全部康复。（卢福山，T149，P55）

（4）1996 年 3 月 15 日，古浪县石沟村的 7 只羊，因患溃疡性口腔炎就诊。治疗：初期用板蓝根注射液和青霉素，交替注射，隔离治疗 3 天无效。改用口疮灵 [见方药（4）]，用药 2 次，痊愈。（张鹏飞，T95，P26）

（5）2003 年 3 月 22 日，东至县查桥乡养羊户邓某的 1 只 3 岁、体重约 25kg 母山羊患病邀诊。检查：病羊体温 41.4℃，心跳 107 次/min，呼吸 29 次/min，听诊瘤胃蠕动音消失，伴有瘤胃臌气，心音亢进，节律不齐，呈腹式呼吸，精神极度沉郁，呆立，口角及唇挂满泡沫，不断流涎，舌面溃烂，口腔黏膜、内颊、齿龈等处红肿，黏膜脱落。治疗：黄连 48g，甘草 24g，加水 1000mL，文火煎煮取汁，待温后加明矾 6g，清洗口腔，每天 4 次，清洗后再涂抹青冰散（青黛、冰片）。取黄芩、栀子、连翘各 18g，川黄连、薄荷各 15g，桔梗 12g，甘草 9g。水煎取汁，待温，分上午、下午灌服，每天 1 剂，连服 3 天。复诊时，病羊体温 39.0℃，瘤胃膨气消失，瘤胃蠕动音弱，舌面溃烂，口腔黏膜、内颊部、齿龈红肿溃疡明显减轻，流涎停止，精神好转，有少量食欲。继用上方药清洗口腔 3 天。取生地黄、天花粉各 18g，天冬、麦冬、白芍、知母各 15g，甘草 9g。加水，文火煎煮，取汁，待温，分上午、下午灌服，每天 1 剂，连服 3 剂。3 天后痊愈。

（6）2003 年 3 月 22 日，东至县查桥乡养羊户邓某的 1 只 4 岁、体重约 30kg 母山羊患病来诊。主诉：该羊妊娠约 120 天，于 2h 前流产。检查：病羊体温 40.9℃，心率 118 次/min，呼吸 30 次/min，听诊瘤胃蠕动音消失，食欲废绝，呈腹式呼吸，口角挂满泡沫，不断流涎，口腔黏膜、内颊部、齿龈处红肿溃烂，用手触摸口角、舌面、口腔内温度灼手，随手抽回时舌前部呈套状脱落，脱落后的舌尖呈杨梅色伴有出血，精神极度沉郁，时而呆立，时而起卧不安，阴户红肿，阴门开张，有 1 尺许胎盘悬挂于阴户处。治疗：黄连 88g，甘草 44g，加水 1500mL，文火煎煮取汁，待温加入明矾 18g，每天清洗口腔 4 次，清洗后再涂抹青冰散。取生地黄、玄参各 21g，天冬、麦冬、天花粉、知母、枳壳各 18g，茯神、白芍各 15g，益母草 30g，甘草 12g。加水，文火煎煮，取汁，待温，分上午、下午灌服，每天 1 剂，连服 3 剂；青霉素 400 万单位，注射用水 10mL，肌内注射，每天上午、下午各 1 次，连用 3 天；维生素 B_2（片）40mg，灌服，每天上午、下午各 1 次，连用 3 天。嘱畜主给病羊喂服稀玉米糊。3 天后复诊，病羊体温 39.8℃，瘤胃蠕动音恢复但较弱，口角流涎停止，舌面、口腔黏膜、内颊、齿龈等处溃烂面明显好转，胎盘脱落，精神好转。效不更方，继用上方药 3 天，痊愈。（郑建文，T127，P32）

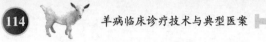

（7）驻凭祥市某部队从外地购进 75 只 1 岁龄山羊，饲养半月余发现 8 只山羊嘴唇红肿溃烂，用紫药水涂擦患处 10 多天无效，个别羊病情反而加重邀诊。检查：病羊嘴唇肿胀、发硬，有的出血、破裂、溃烂或流脓等，外观呈菜花状，表面附有黑色痂皮，痂皮高出皮肤、形如乳头状瘤样物，影响食欲，体温、精神正常。诊为传染性脓疱口膜炎。治疗：先用高锰酸钾彻底清除坏死组织和痂皮，再用明矾液冲洗、吸干，撒上木菠萝叶合剂粉［见方药（6）］，用法相同，每 2 天 1 次，连用 3 次，痊愈。

（8）凭祥市铁锅厂的 42 只山羊，有 36 只羊上下嘴唇和鼻孔四周发红肿烂，开口、采食困难邀诊。经临床检查，诊断为传染性脓疱口膜炎。治疗：取木菠萝叶合剂，用法见方药（6），每 2 天 1 次。第 2 次用药后，大部分羊病情好转，有些羊患部已结痂、愈合，体温、精神正常。用药 3 次，痊愈。（黎德明，T130，P48）

（9）2004 年 7 月 16 日，白水县雷村乡通道村 8 社村民张某的 4 只沙能母羊患病来诊。主诉：该羊 10 天前开始口唇肿胀、糜烂，吃草少，饮水正常，其他医生诊为口炎，肌内注射青霉素、链霉素、氨基比林、地塞米松、病毒灵，外涂龙胆紫等药物治疗 15 天，口唇患部结痂脱落、脱落又结痂，反复 2 次，历时 1 个月不见好转。检查：4 只病羊上下口唇红肿明显，有不同程度污黑色干厚硬痂，触摸疼痛，毛焦体瘦，精神不振，采食少量嫩青草，口津干、少，口温热，舌色红，心音快而无力，尿少、色黄，粪干硬，体温、饮水正常。诊为传染性单纯型剥脱唇炎。治疗：党参 20g，玄参、生地黄、麦冬、连翘、金银花各 30g，白术、黄连、防风、生甘草各 15g（为 50kg 羊 1 天药量），水煎取汁，候温，分 2 次灌服，每天 1 剂，连服 3 剂。同时，用双氧水反复冲洗唇面，再用西瓜霜病毒灵甘油合剂外涂唇面，每天 2 次。第 4 天，病羊唇部红、肿、热、痛明显减轻，结痂变软，触摸结痂松动，有少量干痂脱落，脱痂唇面有少量脓性分泌物，无鲜血流出，长出新的肉芽组织，口津湿润，舌面色红，舌边淡红色，有青苔，能食嫩青草，粪变软，尿色不黄。效不更方，继用上方中西药治疗 3 天。第 7 天，病羊唇部结痂全部脱落，80％脱痂唇面愈合平整。停用中药，用西瓜霜病毒灵甘油合剂外涂唇面。1个月后随访，病羊痊愈，再无复发。（刘成生，T139，P51）

（10）2006年11月，福鼎市叠石乡竹阳村羊场陆续从外地引进86只种羊（其中母羊35只，波尔公羊1只，羔羊50只），相继发病邀诊。主诉：个别羊患病已十余天，先是烂唇，认为是吃露水草引起，成年羊先用茶油涂抹，青霉素、先锋霉素肌内注射，不见好转；羔羊发病急，传染快，很快波及全群，现已全部发病，每天死亡1～2只。多数病死羊死前舌吐出口外不能回缩，羔羊生长缓慢，消瘦。剖检病死羊，尸体消瘦、贫血，上下唇结硬痂，舌溃烂并伸出口外，黏膜苍白，血液稀薄、凝固不良；剪开小肠看见2条绦虫。治疗：先选择2只病情较重的羔羊，用消特灵温水溶液浸泡口唇，剥去硬痂再洗净疮面附着物，涂上蜜调青黛胆矾散〔见方药（9）〕，每天3～5次，同时灌服驱虫药。当晚病危羔羊死亡1只，另1只羔羊第2天病情好转，出现食欲，第6天痂皮逐渐脱落，露出已愈合疮面，长出细毛，痊愈。（林秀彬等，T147，P55）

李氏杆菌型脑炎

李氏杆菌型脑炎是指羊感染李氏杆菌，引起以脑膜脑炎、败血症、流产等为主要特征的一种传染病。俗称羊羔风或转圈病。

【流行病学】　本病病原是产单核细胞李氏杆菌，为革兰阳性、呈"V"形排列或并列的细小杆菌。病羊和带菌动物是传染源。多经消化道、呼吸道、眼结膜及损伤的皮肤传播，蜱、蚤、蝇类为传播媒介。维生素A缺乏、B族维生素缺乏、冬季青饲料缺乏、内外寄生虫病和沙门菌感染、青贮料污染、天气突变等因素均可诱发。多发生于冬末和春初季节。常见于绵羊，偶见于山羊，散发。一旦羊群感染，几乎每年都会有零星发病。

【主症】　本病一般无前期症状，常突然发作。病羊全身抽搐，肌肉震颤；上下眼睑快速闭合，牙关错位、紧闭，鼻孔开张，呼吸

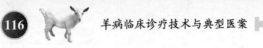

深沉，有时转圈，有时后退。多数病羊角弓反张，随即倒地痉挛，颈向一侧或背部屈曲，四肢紧张、伸直，作不停地游泳状运动。少数病羊嘴边挂有泡沫，发作后体温略有升高；痉挛时意识障碍，对外界反应消失，发作后痴呆，有些尚能站立、吃草，有些视力减退或失明，病愈后方可逐步恢复正常。本病呈明显的阵发性，每次持续时间几十秒至数分钟，间歇期数分钟至数小时不等，病羊在间歇期有空嚼、磨牙现象，对环境应激性增高，刺激可诱发痉挛。

【病理变化】　伴有神经症状的病死羊，脑及脑膜充血、水肿，脑积液增多，稍混浊。

【鉴别诊断】　本病应与狂犬病和伪狂犬病进行区别。狂犬病一般有被患病动物咬伤的病史，病羊兴奋时多有攻击性行为；伪狂犬病有皮肤瘙痒症状。

【治则】　抗菌消炎，镇静解痉。

【方药】　苯巴比妥注射液，1mL(0.1g)/5～10kg，与等量注射用水混合，肌内注射，每天4～6次，每次间隔2h以上；10%磺胺嘧啶钠注射液10mL（为15kg羊药量），肌内注射或加入糖盐水中静脉注射，每次2次，连用3～5天。病羊症状减轻时，酌减苯巴比妥用药次数和用量。后期应适当补液，酌加维生素C、庆大霉素等药物，能收到比较好的效果。

【典型医案】

（1）2002年4月4日，陕县原店镇岔里村2组曲某的28只羊发病邀诊。主诉：3天前羊群中1只羊发生间歇性抽搐且逐渐加重，其他医生按中毒治疗2天无效死亡，之后又有2只羊发病，与死亡羊的症状相似。检查：成年羊（体重约50kg，正在哺乳）精神沉郁，食欲废绝，身体右侧和面部粘满泥粪，发作时右侧着地，体温38.9℃，脉搏84次/min，呼吸30次/min，听诊心肺无异常，瘤胃无蠕动音，粪尿正常，不时倒地，全身痉挛抽搐，先是眨眼，头向后仰，身向后退，四肢做游泳状运动，瞳孔散大，双目无神，面部肌肉呈痉挛性运动，磨牙，尿失禁。整个过程持续约1.5min后痉挛逐渐减轻，慢慢恢复常态。幼龄患病羊（体重约30kg）精神尚可，体温 39℃，脉搏 90 次/min，呼吸 30 次/min，瘤胃蠕动音弱，发病时与成年羊症状相似。诊为李氏杆菌型脑炎。治疗：苯巴比妥，成年羊 5 支（0.1mg/支）/次，幼龄羊 3 支/次，混合等量生理盐水，肌内注射，每天 3 次，每次间隔 4～5h。10％磺胺嘧啶钠注射液，成年羊 3 支/次，幼龄羊 2 支/次，每天 2 次，肌内注射，连用 3 天。第 4 天畜主告知，2 只羊均已痊愈。

（2）1999 年农历正月初二，陕县张湾乡上陈村 3 组白某的 1 只体重约 65kg 母羊患病邀诊。主诉：该羊已妊娠 3 个月，今天中午突发"羊羔风"。检查：病羊呈间歇性倒地抽搐，身体颤抖，四肢乱蹬，初步诊断为李氏杆菌型脑炎。治疗：苯巴比妥注射液 6 支，注射用水 10mL，混合，肌内注射，1 次/6h；10％磺胺嘧啶钠注射液 4 支，肌内注射，每天 2 次，连用 2 天。第 3 天，病羊痉挛症状减轻，但精神萎靡，无食欲，体温 38.3℃，脉搏 72 次/min，呼吸 24 次/min，瘤胃蠕动音消失，粪尿正常，多卧少立，间隔 2～3h，羊似受了惊吓，身体震颤，后退不再跌倒，几秒钟即消失。药中病机，继用原方药。取葡萄糖盐水 500mL，维生素 C 1g，庆大霉素 40 万单位，混合，静脉注射，每天 1 次；苯巴比妥注射液减为 3 支/次，每天 2 次，肌内注射；磺胺嘧啶钠注射液 4 支/次，每天 2 次，肌内注射，连用 3 天。2 个月后追访，病羊已痊愈。（姚亚军等，T127，P27）

支原体肺炎

支原体肺炎是指山羊和绵羊感染肺炎支原体，引起胸膜肺炎，出现以咳嗽、肺和胸膜发生浆液性和纤维蛋白性炎症及粘连为特征的一种病症，又称羊霉形体肺炎。一般多呈慢性经过。

【流行病学】 本病病原为丝状支原体山羊亚种（*Mycoplasma mycoides subsp.* capri）。通过空气飞沫经呼吸道传播，3 岁以下羊最易感，一旦发病迅速传播，约 20 天可波及全群羊，冬季流行期平均为 15 天，夏季可持续 2 个月以上。一年四季均可发生，尤其在阴雨连绵、寒冷潮湿、羊群拥挤、卫生条件差、冬春枯草季节，羊在营养缺乏、受寒感冒、机体抵抗力降低等条件下均易诱发。病羊多因呼吸困难和极度衰弱而死亡。

中兽医学认为，本病多因风热毒邪侵袭或饲养管理不良、气候突变、寒冷潮湿等，导致羊机体抵抗力降低而发病。

【主症】　初期，病羊体温升高，精神沉郁，食欲减退，咳嗽，流浆液性鼻液。4～5天后咳嗽加重，干咳，鼻液黏脓、常黏附于鼻孔周围、呈铁锈色、呼吸困难，高热稽留，眼睑肿胀，流泪或有黏液脓性分泌物，头颈伸直，腰背拱起，叩诊有实音区，按压胸部敏感、疼痛，有的发生腹胀和腹泻，甚者口腔溃烂，唇、乳房等部位皮肤出现疹斑，濒死期体温降至常温以下。

【病理变化】　结膜苍白，血凝不良；支气管有泡沫充塞；肺充血，肺脏大部分（前缘、尖叶、心叶等处）出现形状不一、大小不等的病变区，略低于肺表面，与健康肺组织的界线明显，肺小叶间质增宽，肺与胸膜之间有灰白色纤维素性粘连；心包液增加，心肌变软，心内外膜有出血点或出血斑；肝脏充血或肿胀；肾脏充血或贫血；膀胱积尿；胃底部和小肠有针尖大的弥漫性出血点；脑充血、出血。急性者可见肝脏、脾脏肿大，胆囊肿胀，肾脏肿大，膜下有出血点，严重者可见胸膜与肋膜粘连，甚至肺脏模糊不清。

【治则】　清热解毒，宣肺行气。

【方药】

（1）速效肺炎散。山豆根、板蓝根、大青叶各20g，半枝莲、茯苓各18g，黄芩、贝母、甘草各10g，黄芪25g，党参16g，川芎15g。20只羊1剂（182g/剂），每天3剂，加洁净冷水4000mL，用武火煮沸后文火煎煮15min，取汁，待温灌服，60mL/只，每天早晚各1次。

（2）麻黄、杏仁、葶苈子、黄芩、瓜蒌、知母、甘草各30g，生石膏90g，桔梗、枇杷叶各20g（为4只25～40kg羊1天药量）。水煎2次，每次加水100mL，煎煮20min，将2次药汁混合，加蜂蜜150g，饮服或拌料服，每天1剂，连服3～5天；新肿凡纳明，

0.3～0.5g/（只·次），缓慢静脉注射。症状较重者，使用新胂凡纳明前先肌内注射樟脑磺酸钠 2 支，以强心和缓解呼吸困难（为防止新胂凡纳明漏在血管外，可先用葡萄糖生理盐水静注，然后再用此药），每天 1 次，连用 3～5 天。同时对整个发病羊场及圈舍用0.3%～0.5%过氧乙酸和特灭杀（1∶2000）交替带羊喷雾消毒，每天 2 次，连用 3 天（对病羊进行隔离治疗）。共治疗 186 只，治愈 169 只，治愈率 91%。

（3）太子参、黄芪、桔梗、半枝莲各 10g，金银花、连翘、板蓝根各 15g，芦根、浙贝母、鱼腥草各 10g，麻黄 5g。邪犯肺卫者加荆芥穗、薄荷；痰热蕴肺者去黄芪，加知母、生石膏；热毒内陷者去麻黄；正虚邪恋者去麻黄、半枝莲、板蓝根，加麦冬、青蒿。水煎取汁，候温灌服，每天 1 剂，连服 3 剂。共治疗 210 例，全部治愈。

（4）安乃近注射液或复方氨基比林注射液 5～10mL，头孢氨苄西林或红双喜头孢 50～100mg，混合，颈部静脉注射（颈部静脉注射较肌内注射效果好，见效快）；10%磺胺嘧啶钠 5～10mL，颈部静脉注射，每天 1～2 次，连用 1～3 天。病情轻者当天可见效；病情较重者，先用地塞米松 5～10mL，静脉注射，再用安乃近、头孢类和磺胺类药物，依次静脉注射；病程长者加葡萄糖、氯化钠生理盐水 20～30mL，后期加维生素 B_1 疗效会更好。

（5）硫酸庆大霉素 10 万单位，硫酸卡那霉素 50 万单位，30%安乃近 5mL，混合，分 4 等份注入肺俞、苏气穴。注射时针头垂直刺入肺俞、苏气穴 3～5cm 后注入药液。维生素 B_1 注射液、樟脑磺酸钠注射液各 5mL，混合，分 2 等份注入后三里穴。注射时针头向内后方刺入 5～6cm 后注入药液（各药为 25～35kg 羊的药量）。一般 1～2 个疗程，重者 3 个疗程。共治疗 68 例，治愈 56例，好转 11 例，无效 1 例。

（6）麻黄、木通、甘草各 24g，杏仁、黄芩、金银花、瓜蒌子各 30g，石膏 90g，芦根、白茅根、大青叶各 45g。加水煎煮至1000mL，过滤取汁，候温灌服，100mL/（只·次），每天 1 剂。同

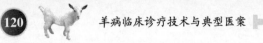

时，取 10％长效土霉素注射液 0.1～0.5mL/kg，肌内注射，每天 1 次，连用 3～5 天；15％盐酸克林霉素 0.1mL/kg，肌内注射，每天 2 次，连用 3～5 天；30％安乃近注射液 0.2mL/kg，肌内注射，每天 2 次，连用 3 天。用山羊传染性胸膜肺炎灭活疫苗免疫接种健康山羊，6 月龄以上者 5mL/只，6 月龄以下者 3mL/只。对病死羊污染的圈舍、用具、道路等进行严格消毒。（马世财等，T137，P47）

【防制】　羊舍及用具要严格消毒，保持清洁、干燥、卫生。从外地引进良种羊要经过严格检疫、隔离观察后方可混合饲养。对污染的场地、厩舍、用具以及粪便、病死羊尸体等进行彻底消毒或无害化处理。每年接种山羊传染性胸膜肺炎疫苗（2～3 联苗），注射后 14 天可产生抗体，免疫期为 1 年。发病后立即封锁羊群，隔离病羊，对健康羊群进行紧急接种，病羊及时用药治疗。

【典型医案】

（1）2001 年 5 月 20 日～6 月 18 日，宁夏某羊场的 600 多只小尾寒羊母羊，先后有 60 只咳嗽，已死亡 2 只，于 6 月 21 日邀诊。检查：病羊精神沉郁，体瘦毛焦，食欲极差；大多数羊卧地不起，食欲废绝，饮水少，干咳，呼吸困难、短促、频率极快（62～80 次/min），呻吟，流浆液性鼻液，鼻孔周围有黏性或脓性分泌物，听诊肺部有湿啰音和摩擦音，心音弱、心律快（心率 85～120 次/min），触压胸壁敏感、疼痛，体温 40～41.5℃，脉弱、脉疾。根据病理变化和临床症状，诊断为支原体肺炎。治疗：速效肺炎散，用法见方药（1），连服 5 天。26 日，58 只病羊中有 55 只羊精神好转，饮食欲增加，体温 38.0～38.8℃，脉搏平缓。30 日，病羊均痊愈。（周学辉等，T130，P43）。

（2）2008 年 9 月 13 日，庄浪县某羊场的 56 只、0.5～3 岁羊患病邀诊。主诉：刚开始有 16 只羊发病，用卡那霉素、极品头孢、恩诺沙星等药物治疗 3 天有所好转，停药后第 4 天，羊的体温又升高至 41～42℃，且 56 只羊相继全部发病。经综合检查，诊断为传染性胸膜肺炎。治疗：麻黄、杏仁、葶苈子、黄芩、瓜蒌、知母、甘草各 420g，生石膏 1200g，枇杷叶 300g。水煎 2 次，加水 1000mL/次，煮沸 20min，将 2 次药液混匀，加蜂蜜 1500g，供 56 只羊 1 天服用，每天 1 剂，连用 3 天。西药取新胂凡纳明，不超过 0.5g/（只·次），缓慢静脉注射。呼吸困难者，先肌内注射樟脑磺酸钠 2 支，同时静脉注射新胂凡纳明，每天 1 次，连用 3 天。治疗后，90％病羊痊愈。效不更方，继续用药 2 天，除早期发病的 9 只羊未及时治疗死亡外，其余 47 只羊痊愈，再未复发。（文列秀，T158，P66）

（3）2009 年 11 月 5 日，兴县东会乡王家坡养殖小区李某由内蒙古鄂尔多斯市东胜区调运的 120 只绒山羊，约 10 天后有 42 只羊出现不同程度的咳嗽、流鼻、发热、流泪、食欲减退邀诊。主诉：起初认为羊患感冒，用青霉素治疗不见效果，死亡 4 只。检查：病羊体温 41～42℃，呼吸困难，头颈伸直，张口急促喘息，鼻内有血样液体，肺部叩诊有实音区，听诊肺部呈支气管呼吸音或摩擦音，触压胸壁敏感、疼痛。剖检病死羊可见肺脏两侧呈对称性实质病变、呈浅灰色或粉红色，胸腔有淡黄色积液；有 2 只羊呈化脓性胸膜肺炎。诊为支原体肺炎。治疗：取方药（3），用法相同，连用 3 剂。病羊症状减轻，又服药 2 剂，痊愈。（张伟，T167，P65）

（4）2008 年 3 月 18 日，黎平县尚重镇的 3 个村 7 户养殖的山羊发病，传染迅速，截至 20 日共发病 1076 只，死亡 31 只。25 日，黎平县大稼乡 2 个村 4 户的山羊也发病，截至 28 日共发病 571 只，死亡 14 只。检查：病羊 39～41℃，精神沉郁，食欲废绝，呼吸困难、咳嗽，流浆液性或脓性鼻液，胸部肋间敏感、触压疼痛，眼睑肿胀，眼结膜潮红、流泪、有黏液脓性眼眵。剖检病死羊可见肺脏充血、水肿、呈紫红色；胸腔胸膜增厚，胸腔内有红黄色积液；肺门淋巴结、胸膈淋巴结出血、肿大。诊为传染性胸膜肺炎。治疗：取方药（4），用法相同。同时，改善饲养管理条件，对污染的圈舍场地进行彻底消毒。经过综合性防治，两个乡镇的山羊传染性胸膜炎基本得到控制。（薛佩圻，T156，P67）

（5）2000 年 10 月，珲春市春城乡北山养羊户杨某由外地长途运回体重25～35kg奶山羊80多只，第2天开始陆续发病，用抗生素多方治疗无效，于11月13日就诊。检查：病羊体温39.5～40.5℃，精神沉郁，食欲减退，呼吸困难，咳嗽、流浓涕，触压胸部疼痛敏感，叩诊肺部呈浊音，听诊肺部有湿啰音及胸膜摩擦音。剖检病死羊可见肺部有大小不等的红灰色肝变区，切面呈大理石样，切开肝变区有血液样液体流出，胸膜粗糙，有的发生粘连，胸腔内有大量淡黄色液体。诊为传染性胸膜肺炎。治疗：取方药（5），用法相同。用药后，病羊的病情得到控制。（吕世红，T110，P26）

克雷伯菌肺炎

克雷伯菌肺炎是指羊感染肺炎克雷伯菌，引起以剧烈咳嗽、肺炎为主要特征的一种病症。

【流行病学】 本病病原是肺炎克雷伯菌。广泛分布于自然界如水、土壤中，在动物的肠道及呼吸道内也常见，是典型的条件性致病菌，动物抵抗力下降、不良应激时引起爆发性流行。

【主症】 病羊剧烈咳嗽（以早晨为重），初期流浆液性鼻涕，干咳，3～5天后流黏液性鼻涕，黏附于鼻孔和上唇，咳嗽转为湿咳；食欲基本正常，精神不振，有的羊发抖，体温40～41℃，呼吸、脉搏增数，心音亢进，心跳140～150次/min，迅速消瘦。后期，病羊呼吸困难，肺泡音粗粝，有啰音，肠蠕动音弱，全身发颤，卧地不起，痉挛而死亡。

【病理变化】 气管、支气管有明显炎症、充血、出血，附着黏性分泌物；肺脏一侧或两侧有不同程度的充血、出血和肝变区，肺门淋巴结轻度肿胀；胸腔有少量渗出液；心尖、心耳外膜有出血点；肝质脆软；肾脏易碎。其他脏器无明显变化。

【治则】 清热化痰，补气固脱。

【方药】 发病有临床症状者，取青霉素20万单位，链霉素25万单位（为1只羊药量），肌内注射，每天2次；未发病和症状不明显者，取 10％磺胺嘧啶钠 10mL，每天 2 次，肌内注射，连续用药 3 天。中药取知母、马兜铃、瓜蒌、紫苏子、桑白皮、百合、黄芩、款冬花、金银花各 6g，葶苈子、紫苏叶、桔梗、甘草各 3g，党参、黄芪各 9g（为 1 只羊的药量）。共称取患病羊只数的中药，水煎取汁，让其自饮（服药前羊停止饮水半日），每天 1 次。

【典型医案】 1982 年 12 月中旬，安西县西湖农场 7 队的育成小母山羊患病邀诊。主诉：起初有 5 只羊发病，由于误认为是普通上呼吸道感染，未采取严格的隔离措施。半个月后疫病蔓延至全群，264 只羊发病 263 只，只剩 1 只混在羊群内的绵羊未发病，发病率为 99.62％，先后死亡 27 只，致死率为 10％。病程一般 5～7 天，有 9 只羊 5 天死亡，18 只羊 7 天后死亡，个别病羊拖至半个月死亡。治疗：采取封锁、消毒、深埋尸体、处理粪便等综合防制措施。取上方西药，用法相同。除病至后期的羊死亡外，大部分病羊症状减轻或消失，但 3 天后症状消失者复发，症状减轻者又再次加重，原来未发病者也出现明显临床症状，蔓延至全群的 263 只山羊，且病势比较凶猛，抗生素治疗没有起初显著，死亡 19 只，致死率为 7.2％。由于病势所迫，取上方中药进行治疗。服药 1～2 剂，病羊病情趋于稳定，4～5 剂后停止死亡。结合中药治疗后死亡 8 只，致死率为 3％。（王慎等，T10，P47）

沙门菌病

沙门菌病是指羊感染流产沙门菌、都柏林沙门菌和鼠伤寒沙门菌，引起以妊娠母羊流产、羔羊下痢为特征的一种病症。

【流行病学】 引起绵羊流产的病原主要是流产沙门菌；羔羊副伤寒的病原以都柏林沙门菌和鼠伤寒沙门菌为主。主要通过消化道传播，交配和其他途径亦能感染。不同年龄的羊均可发生，一般无季节性。

【主症】 副伤寒沙门菌引起的下痢多见于 15～30 日龄的羔羊。

病羊精神沉郁，厌食，喜卧，离群，低头，弓背，发热，体温40～41℃，腹泻，排黏性带血稀粪，脱水。绵羊流产多见于妊娠的最后2个月。病羊伴有胃肠炎和败血症，出现症状后往往于24h内死亡。病羊排出腐败的胎儿、死羔或弱羔羊。患病母羊也可在流产后或无流产的情况下死亡。

【病理变化】 尸体消瘦；真胃和小肠空虚，黏膜充血、出血，有糊状分泌物；肠系膜淋巴结肿大；肝脏充血，胆囊肿胀；心内、外膜有小出血点。

【治则】 清热解毒，理气止痛。

【方药】 庆大霉素8万单位，肌内注射，每天2次；复方新诺明（含有效成分1.26g）3片，鞣酸蛋白、次硝酸铋、重碳酸钠各0.2g，灌服，每天2次；血痢者另用止血敏0.25g，肌内注射。病程较长、脱水严重者，取葡萄糖氯化钠注射液200mL，青霉素160万单位，5％葡萄糖注射液100mL，止血敏250mg，5％碳酸氢钠150mL，静脉注射，每天2次（根据脱水情况调整补液量）。中药用郁附败毒汤：郁金、陈皮、木香、地榆、苍术、白术、诃子、乌梅、阿胶、香附各30g，黄连16g，熟地黄、蒲公英、白芍各60g，何首乌、黄柏、槐花、石榴皮、黄芩、龙胆、车前子各20g，炙甘草10g（为10只羔羊药量）。水煎2次，取汁，小胃管（或导尿管）灌服，每天2次。共治疗268只，除6只病情较重的羔羊死亡外，其余全部治愈，治愈率达97.76％。

【防制】 羔羊在出生后应及早食入初乳，注意保暖；发现病羊应及时隔离并立即治疗；彻底消毒圈舍。

【典型医案】 1994年3月，山丹马场四场发生沙门菌引起的羔羊群发性血痢，春季羊群所产羔羊几乎全部发病，大都在产后2～3天出现腹泻等症状，并迅速转为血痢，西药治疗效果不佳，死亡率高达37.22％。检查：羔羊大多在产后2～3天发病，最迟不超过7天，发病率100％。病初，羔羊体温突然升高至40.8℃以上，呈稽留热或弛张热，精神沉郁，食欲减退甚至废绝，行动迟缓，喜卧，跛行，剧烈下痢，初期下痢为黑色并混有大量泥糊样稀粪，中期排粪时用力努责后方流出少许稀粪，污染其后躯和腿部，喜食污秽物；后期呈喷射状下痢，粪内混有多量血液，病羊很快脱水，严重衰竭。剖检病死羊可见脐带上有不同程度的溃疡灶，数量不等、米粒大小的黄色附着物；心包及胸腹腔内有弥散性出血点，胸腹腔内有血样液体；胃、肠黏膜严重脱落，呈紫白色相间出血性病变；肠系膜淋巴结肿大；肺脏充血；肝、脾、肾脏均有不同程度的肿大，且有轻微出血点。病程长者关节肿大，关节腔内有大量混有纤维蛋白的液体。取脐带黄色附着物、死亡羔羊脾脏和心脏血液，经增菌分离培养和大量多次试管凝集反应检测，诊为沙门菌病。治疗：取上方药，用法相同。可根据症状结合西药补液止血。服药 1 剂，病羊下痢次数减少；服药 3 剂，病羊精神状态明显好转，粪趋于正常，饮食量增加。又服药 2 剂，基本痊愈。（周勇，T153，P49）

巴氏杆菌病

巴氏杆菌病是指羊感染多杀性巴氏杆菌和溶血性巴氏杆菌，引起严重腹泻、颈部和胸下部水肿的一种传染病，又称羊出血性败血病。

【流行病学】　本病病原为多杀性巴氏杆菌，存在于健康羊的呼吸道内，主要通过消化道传播。当羊抵抗力下降时，巴氏杆菌大量繁殖而发病。环境改变、饲料更换、长途运输、营养不良等均可诱发本病。

【主症】　急性，病羊精神沉郁，体温 41～42℃，咳嗽，鼻孔出血，有时混于黏性分泌物中，初期便秘，后期腹泻，有时粪全部变为血水，严重腹泻者后期虚脱而死亡。慢性，病羊消瘦，饮食欲废绝，流黏脓性鼻液，咳嗽，呼吸困难，颈部和胸下部水肿，角膜发炎，腹泻，濒死期极度衰弱，体温下降。

【病理变化】　皮下有液体浸润和小点状出血；咽喉、气管黏膜肿胀、发炎、有出血点；淋巴结肿胀，切面多汁，胸腔内有黄色渗出性浆液；肺充血、瘀血，颜色暗红、体积肿大，有出血点和肝变区，切面外翻，流淡粉红色泡沫样液体，肺门淋巴结肿大、呈暗红色，切面外翻、质脆；心包腔内有黄色混浊液体，心腔扩张，冠状沟处有针尖状出血点；肝脏瘀血，有灰白色、针头大小坏死灶；胃肠道黏膜呈弥漫性出血、水肿。

【治则】　抗菌消炎，对症治疗。

【方药】　患病羊和疑似病羊，取青霉素 4 万单位/kg，链霉素 1 万单位/kg，肌内注射；高热者，取 30％安乃近 2mL，肌内注射；病情严重、全身衰弱、食欲废绝者，取 5％葡萄糖盐水 500mL，安钠咖 3mL，维生素 C 4mL，地塞米松 5mL，静脉注射，每天 2 次，连用 3 天。

【防制】　加强饲养管理，补充富含维生素的饲料，给予清洁饮水。对污染的环境、用具，用 20％漂白粉或 5％烧碱进行彻底消毒，及时清除粪便，保持栏舍干燥。

【典型医案】　2002 年 3 月 5 日，贵港市港南区南山村某养羊户的 1 只山羊患病就诊。主诉：自养的 21 只小山羊以放养为主，1 周前连续几天下雨，气温下降，有 3 只羊发病，出现腹泻、头肿等症状，其他医生用庆大霉素、痢菌净治疗无效，3 天后死亡，现又有 2 只羊发病，症状与前期发病的羊相似。畜主称 2001 年 2 月曾发生过本病，当时有 71 只山羊，发病 26 只，死亡 15 只，死亡率 57.7％。检查：病羊精神沉郁，食欲废绝，全身衰弱，体温 41.5℃，严重腹泻，眼结膜充血、水肿，有黏性分泌物，流浆液性鼻液，流涎混有泡沫，颌下、头颈、胸部皮下水肿。接诊后 30min 病羊死亡。剖检病死羊可见颈下、颈部及前胸部皮下有胶胨样出血性浸润；胸腔内充满浆液性纤维素性渗出液，胸膜、心包膜上有纤维素絮片，冠状沟、肝表面有出血点，肠黏膜出血严重，淋巴结水肿。取病死羊的肝、脾、淋巴结涂片，经革兰染色、瑞氏染色，镜检，均可见有革兰阴性球杆菌或两极着色的杆菌。取病料划线于血琼脂平板上，37℃培养 24h，有灰白色、圆形湿润的露珠状小菌落，经涂片染色镜检，可见革兰阴性小杆菌。取病死羊的肝、脾、淋巴结反复研磨，用灭菌生理盐水稀释，制成 1∶10 的悬液接种于 3 只小白鼠体内，0.3mL/只。3 只小白鼠分别于 24h、28h、30h 后死亡。取死亡小白鼠的肝脏、脾脏涂片镜检，可见有多量的革兰阴性球杆菌。根据羊群的发病情况、临床症状、病理变化、实验室检查，诊断为巴氏杆菌病。治疗：取上方药，用法相同，连用 3 天，病情得以控制。（郑宏伟等，T125，P43）

链球菌病

链球菌病是指羊感染溶血性链球菌，引起以下颌淋巴结与咽喉肿胀、全身性出血性败血症为特征的一种急性热性传染病。

【流行病学】 本病病原为链球菌属 C 群兽疫链球菌，呈革兰染色阳性。病羊和带菌羊为传染源。主要通过消化道和呼吸道传染，以呼吸道为主要途径传播；也可经皮肤创伤、羊虱、蝇叮咬等途径传播；病死羊的肉、骨、皮、毛等亦可传播病原。新发病区常呈流行性发生；老疫区则呈地方性流行或散发。链球菌最易侵害的是绵羊，山羊也易感染。多在羊体况比较弱的冬春季节和草质不良时呈现地方性流行。

【主症】 病羊精神不振，食欲废绝，反刍停止，体温升高达 41℃以上，眼结膜充血、流泪或有脓性分泌物，流涎、混有泡沫，咽喉肿胀、颌下淋巴结肿大，呼吸急促，粪稀软，有的带有黏液或血液，卧地不起，濒死期有磨牙、抽搐、惊厥等神经症状。一般病程 2～3 天，有的在数小时内死亡。

【病理变化】 内脏出血，淋巴结肿大、出血，气管黏膜出血，肺水肿、出血、有肝变区；胸、腹腔及心包积液；胆囊显著肿大，胆汁外渗，表面有少量出血点；真胃出血，内容物稀薄；肠道充满气体。

【诊断】 取病死羊肝脏组织、心包积液涂片，革兰染色镜检，可见革兰阳性呈双球形或数个短链状球菌。将肝、脾组织病料接种于鲜血琼脂培养基，37℃培养 24h，出现无色、透明、露珠样菌落，呈 β 型溶血。将培养物涂片，革兰染色镜检，可见长链状革兰阳性球菌。

【治则】　抗菌消炎，强心补液。

【方药】

(1) 病羊和疑似病羊，青霉素 2 万单位/kg，肌内注射，每天 2 次，连用 4 天。同时配合磺胺嘧啶钠、复方新诺明等药物治疗。在应用抗链球菌药物的同时，还可采取退热、强心、补液等辅助疗法。未发病的羊，紧急接种羊链球菌疫苗，5mL/只，皮下注射。

(2) 青霉素 240 万单位，安乃近注射液 10mL，混合，肌内注射，每天 2 次；同时酌情灌服敌菌净，4～6 片/只，每天 2 次。

(3) 蒲公英、连翘、板蓝根各 15 份，黄芪、黄芩、桔梗各 13 份，当归、甘草各 8 份，粉碎后加姜石粉 20 份作为载体，30g/只，混入饲料中喂服，连服 3～5 天（进行全群防治），病羊用量加倍。早期发现的病羊局部用 0.5% 普鲁卡因 2mL，青霉素 160 万单位，注射用水 3mL，行病灶周围封闭注射，同时肌内注射青霉素，体型大的羊 400 万单位，每天 2 次，连用 5 天。对化脓部位切开排脓，外科处理，同时全身应用青霉素治疗。在治疗的同时，将患病羊群圈舍进行彻底消毒，墙壁用石灰乳喷刷，清理地面的粪便后用 0.1% 百毒杀消毒液喷洒，对围栏等也要进行消毒。羊群内有外寄生虫感染者，对全群羊用双威片进行驱虫 1 次，1 周后重复用药 1 次。

【防制】　加强饲养管理，抓膘、保膘，做好防寒保温工作。勿从疫区购进羊和羊肉、皮毛产品，搞好隔离消毒工作。每年发病季节到来之前，用羊链球菌氢氧化铝甲醛菌苗进行接种预防。

【典型医案】

(1) 2006 年 3 月中旬，酒泉市某羊场的 89 只绵羊，突然发生链球菌病，发病率 35.6%，死亡率 28.09%。检查：病羊精神不振，食欲废绝，反刍停止，体温升高达 41℃ 以上，眼结膜充血、流泪或有脓性分泌物，流涎、混有泡沫，咽喉肿胀，颌下淋巴结肿大，呼吸急促，粪稀软，有的带有黏液或血液，卧地不起，濒死期有磨牙、抽搐、惊厥等神经症状。一般病程 2～3 天，有的羊在数小时内死亡。剖检 4 只病死羊，内脏出血，淋巴结肿大、出血，气管黏膜出血，肺水肿、出血，有肝变区；胸、腹腔及心包积液；胆囊显著肿大，胆汁外渗，表面有少量出血点；真胃出血，内容物稀薄；肠道充满气体。取病死羊肝脏组织、心包积液涂片，革兰染色镜检，可见革兰阳性呈双球形或数个短链状球菌。将肝、脾组织病料接种于鲜血琼脂培养基，37℃培养 24h，出现无色、透明、露珠样菌落，呈 β 型溶血。将培养物涂片革兰染色、镜检，可见长链状革兰阳性球菌。防治：隔离病羊和疑似病羊，深埋病死羊，彻底消毒圈舍，整个羊场用 3％来苏儿、0.1％强力消毒灵、10％石灰乳等消毒。取方药 (1)，用法相同。通过采取上述措施，病羊的病情很快得到控制，羊群中再未出现新的病例。(张波，T146，P61)

(2) 1994 年 3 月，古浪县民权乡峡口村 7 户 506 只羊发生链球菌病，其中绵羊 341 只，发病 134 只，死亡 95 只；山羊 165 只，发病 40 只，死亡 30 只。病程一般 2～4 天。检查：病羊食欲减退或废绝，起卧频繁，眼结膜充血，流泪，口唇、下颌水肿，有的水肿漫延至颈部，咳嗽，呼吸急促，55～65 次/min，体温 40～41℃，腹泻；有的全身发抖，四肢抽搐，频繁眨眼，病程较短，一般在数小时到十多小时内死亡。妊娠羊多发生流产，且山羊比绵羊流产多。剖检病死羊可见全身淋巴结呈广泛性充血、出血；肺脏肿大、有明显出血点和肝变区；胆囊肿大；内脏黄染；胸、腹腔内有黄色积液；心冠沟及心内膜、心外膜有小点状出血；大网膜、肠系膜有出血点；肾脏肿大、质地较软、有贫血性梗死区，被膜不易剥离；胃肠黏膜肿胀，有的部分脱落，内容物稀薄。取血液和淋巴结涂片，用革兰染色，镜检，可见革兰阳性、2～3 个相连球菌。取血液直接接种在血液琼脂平板上，在 37℃恒温条件下培养 24h，可见灰白色小米粒大小的菌落，在菌落周围有透明的溶血环，涂片染色、镜检，可见革兰阳性的长链球菌。根据临床症状、病理变化和细菌学检查，诊为链球菌病。治疗：取方药 (2)，用法相同。经

3～4 天治疗，发病的 52 只羊（山羊 10 只、绵羊 42 只）治愈 49 只，治愈率为 94.2%。未发病的 332 只羊，内服敌菌净片 4～6 片，每天 1 次，连服 3 天。除 3 只羊发病外，其余羊均未再发病。彻底清扫圈舍，对羊粪堆积发酵；圈舍用 1:100 菌毒敌消毒；羊皮用 15% 盐水浸泡 2 天；尸体集中深埋。（李延国，T92，P22）

　　（3）柳林县某养羊户的 120 只本地土种山羊，有数十只皮肤出现肿块邀诊。检查：全群羊营养中等，有 40 只羊在耳根、颌下、腿内侧、颈部、腹下等毛稀皮薄的柔软处出现杏核至核桃大小的结肿，有的发硬，有的已化脓，触之有波动感，每只羊体上有 1～3 处病变，大多数病羊体温、食欲等无变化，个别脓包较大、有的病羊精神稍沉郁，食欲减退。治疗：隔离病羊；成熟的脓肿用外科手术切开排脓，用双氧水、生理盐水冲洗，创内灌注碘伏并置纱布引流，次日冲洗排脓后缝合伤口。脓肿较大者，同时用青霉素 400 万单位，肌内注射，每天 2 次，连用 3 天（体型小者药量酌减）；脓肿小者仅外科手术处理即可。脓肿初起者肌内注射青霉素，剂量同前；脓肿较大未破溃者同时用 2% 普鲁卡因 2mL，青霉素 80 万单位，注射用水 2mL，行病灶周围封闭注射。清理羊圈粪便，用 20% 石灰乳喷刷墙壁、地面，食槽、围栏用 0.2% 双季铵盐消毒剂喷洒；全群羊用双威片驱虫 1 次，1 片/10kg，1 周后再用药 1 次；取蒲公英、连翘、板蓝根各 15 份，黄芪、黄芩、桔梗各 13 份，当归、甘草各 8 份，粉碎后加姜石粉 20 份作为载体，按 30g/只混入饲料中喂服，连服 5 天。切开排脓者 1 周后伤口逐渐愈合而痊愈；结肿小者和未破溃者用药后 3 天肿胀减轻，5 天后消退，1 周左右结肿消失，痊愈。（徐玉俊等，T139，P52）

病毒性腹泻-黏膜病

　　病毒性腹泻-黏膜病是指羊感染病毒性腹泻病毒，引起以腹泻、发热和黏膜发炎、糜烂、坏死为特征的一种急性传染病。

　　【流行病学】　本病病原为病毒性腹泻病毒，一般通过病羊的分泌物和排泄物经消化道和呼吸道传播，亦可经胎盘传播。绵羊多为隐性感染，妊娠绵羊常发生流产或产先天性畸形羔羊。本病不分年龄、性别、品种均可感染，传播迅速，潜伏期 3～5 天，起初是个别羊发病，数天内迅速扩散，发病率和死亡率均很高。

【主症】 病羊突然发病，体温升高至 41～42℃，呈稽留热，食欲废绝，反刍停止，瘤胃臌气，经 3～4 天病羊鼻镜及口腔黏膜表面发炎、糜烂、坏死，流涎增多，听诊肠音亢进，严重腹泻，日腹泻可达十余次，粪如水样、色暗、气味腥臭、带有气泡，后期粪中带血，精神高度沉郁，卧多立少，喜饮，全身肌肉发抖，眼球下陷，日益消瘦，尿色浓、量少，呼吸、心跳加快，脉洪大，口干津少，舌红苔黄。有些病羊常伴发蹄叶炎及趾间蹄冠处糜烂、坏死，跛行。病程一般 5～7 天，如治疗不及时，多因严重脱水、自身中毒而死亡。

【病理变化】 鼻镜及鼻孔、齿龈、上腭、舌面两侧及颊部黏膜糜烂，严重者食管和咽喉黏膜有溃疡及弥散性坏死；真胃炎性水肿和糜烂；肠壁充血、出血、水肿、增厚，肠黏膜容易脱落，肠内容物稀薄，肠管菲薄，肠淋巴结肿胀并有小凝血块，小肠有严重的卡他性炎症；盲肠、结肠、直肠有不同程度的卡他性、出血性、溃疡性、坏死性炎症；有的趾间皮肤及蹄冠有急性糜烂性炎症，甚者溃疡、坏死。

【治则】 清热解毒，健脾燥湿。

【方药】 白头翁、黄连、黄芩、黄柏、秦皮、茵陈、苦参、穿心莲、白扁豆各 80g，玄参、生地黄、泽泻、椿白皮、诃子、乌梅、木香、白术、陈皮各 60g。共为细末，开水冲调，候温，分早晚 2 次灌服，1 剂/3 天。5% 葡萄糖生理盐水注射液 1000～1500mL，安钠咖 1～2g，维生素 C 0.5～1g，三磷酸腺苷、辅酶 A 各 50～100mg，人参注射液 20～30mL，氢化可的松 0.1～0.2g，10% 葡萄糖注射液 1000～2000mL，双黄连注射液 50～100mL，维生素 B_1 25～50mg，静脉注射，每天 2 次。为防止继发感染，输液时加入庆大霉素 5 万～15 万单位或诺氟沙星 0.4～0.6g。三甲硫苯嗪 1～2g，地芬诺酯 10～15mg，灌服。伴发蹄叶炎者，用头皮静脉注射针在蹄头穴（内外侧各 1 穴）刺入 1～1.5cm 放血，10～20mL/穴，然后分别在蹄头穴（内外侧各 1 穴）、涌泉穴（后肢为滴水穴）注入当归、维生素 B_1、维生素 B_{12}、氢化可的松、镇跛痛混合注射液 5mL，1 次/2 天。趾间及蹄冠处发生糜烂、坏死者，先用 3% 龙胆紫或 5% 碘酊涂擦患部，再用鱼石脂 3 份、青霉素粉（土霉素粉或磺胺粉）1 份、枯矾粉 1 份，制成合剂涂抹，每天 1次。输液困难者，取补液盐 20～30 包，加凉开水 10000～15000mL，于 3～5h 分多次饮完。在饮用补液盐过程中应尽量让病羊自由饮凉开水。饮用补液盐的同时，取安钠咖、维生素 C、三磷酸腺苷、辅酶 A、氢化可的松、人参注射液、双黄连注射液等，用适量 5% 葡萄糖生理盐水稀释，于耳静脉注射。共治疗 197 例（含牛），除 18 例因病重死亡外，其余均治愈。

【防制】　加强口岸检疫，从国外引种时必须进行血清学检查，防止引入带毒羊。在国内转群或交易时要加强检疫，防止本病的扩大或蔓延。一旦发病，对病羊要隔离治疗或紧急扑杀，尸体及其污染物行强制深埋处理，对污染场地用 10%～20% 石灰乳或 20%～30% 热草木灰或 5%～10% 漂白粉作喷洒消毒处理，消除和控制传染源。用弱毒疫苗或灭活疫苗预防和控制本病的发生。

【典型医案】　2004 年 3 月 19 日，天柱县社学村吴某的 66 只山羊，其中 6 只山羊因腹泻、不食邀诊。检查：病羊日腹泻数次、粪如水样、色暗、气味腥臭，食欲废绝，反刍停止，瘤胃臌胀、心律、呼吸加快，体温 40.6～41.5℃，精神沉郁，卧多立少，喜饮、尿色浓、量少、脉洪，口干津少，舌红苔黄。治疗：取庆大霉素、痢菌净、诺氟沙星、青霉素、磺胺嘧啶、5% 复方氯化钠注射液、10% 葡萄糖注射液、安钠咖、维生素 C 等药物，连用 3 天，患病羊腹泻不但没有停止反而加重，且已陆续死亡 2 只，并发现病羊鼻镜及口腔黏膜表面发炎、糜烂、坏死，有 2 只病羊两前肢伴发蹄叶炎及趾间蹄冠处糜烂、坏死，跛行。22 日，取上方中药、西药，用法相同，连用 2 天。24 日，全部病羊腹泻停止，体温均降至

39.3～39.8℃，稍有食欲，精神好转，跛行明显减轻。原方药减地芬诺酯，再连用 2 天。病羊体温降至 38.9℃ 以下，食欲增加，精神好转，跛行基本消失，趾间蹄冠处糜烂、坏死部位结痂。继续巩固治疗 2 天，痊愈。（伍永炎，T160，P49）

羔羊痢疾

羔羊痢疾是指初生羔羊感染细菌，引起以持续性下痢和小肠发生溃疡为特征的一种传染病，俗称下血或腹泻。

【流行病学】　本病病原为 B 型魏氏梭菌（又称 B 型产气荚膜梭菌）以及沙门杆菌，大肠杆菌和链球菌也有一定致病作用。主要经消化道传播，发病羔羊和带菌母羊是传染源。圈舍潮湿，母羊营养差，气候骤变易诱发。多发生于 7 日龄以内羔羊。一年四季均可发生，以立春前后、冬季寒冷季节发病率最高。

【主症】　病羊精神沉郁，食欲减退或废绝，头低耳聋，放牧时跟不上羊群，体温随着病情发展而升高，口渴喜饮，口色赤红或黄红，口津黏稠，气味腥臭，脉象洪数，瘤胃及肠蠕动音增强和减弱交替出现，尿液短赤，粪溏稀或呈水样，病程后期，粪中带有黏性物。如不及时治疗，往往于 2～3 天死亡。

【病理变化】　尸体消瘦，可视黏膜黄白；胃黏膜脱落，胃和肠道充血、出血；肠黏膜上有坏死灶和溃疡。

【诊断】　依据流行病学、临床症状和病理变化作出初步诊断。实验室检查，以鉴定病原菌及其毒素可确诊。

【治则】　清热燥湿，消肿止泻，和胃止痢。

【方药】

（1）槐白汤。槐花炭 30g，白头翁、椿皮炭各 10g，一枝蒿 20g。加水 500mL，煎煮至 20mL，取汁，加红糖少许，候温，分 3 次灌服，连服 1～2 剂。

（2）仙翁止痢散。白头翁、黄柏各 500g，蒲公英 1000g，甘草 300g。混合粉碎，第 1 次加水 500mL，第 2 次加水 300mL，两次

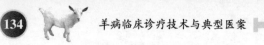

煎煮各 1h，取汁，混合浓缩两次药液至约 2000mL，取市售粉面（面粉也可）2000g，加入药液，使药液呈散团状，晾至半干，制成均匀颗粒，晾干备用。2 岁以上羊 40～60g，2 岁以下羊 20～30g，当年羔羊 10g，用温水灌服，每天 1 次。

（3）黄白苦心汤。黄连 10g，白头翁、苦参、穿心莲、白芍、龙胆、香附各 20g，诃子 30g。共研末，加水煎煮 10min，取汁，母羊分 2 次灌服或拌料喂服，每天 1 剂，连服 2～3 剂；妊娠母羊于产前 15 天、10 天、5 天各服 1 剂，可达到预防效果。共治疗 187 例，有效率达 99%。

【防制】 应采取抓膘保暖、合理哺乳、消毒隔离、预防接种和药物防治等综合措施。每年秋季给妊娠母羊注射羔羊痢疾菌苗，于产前 2～3 周再接种 1 次。

【典型医案】

（1）1984 年 4 月 10 日，木垒县东海牧业大队的 203 只羔羊，有 54 只因患痢疾邀诊。检查：由于圈内潮湿，通风不良，病羊排黄色稀粪，大多数羔羊卧地昏迷，体温均在 40℃ 左右。治疗：选择 5 只发病羔羊灌服方药（1），50mL/只。次日，3 只羔羊停止腹泻，精神好转，开始吮乳；2 只羔羊精神好转，但仍腹泻。后全部病羊均灌服方药（1），60mL/只；泻痢停止者，40mL/只。第 3 天全部治愈。

（2）1985 年 3 月 2 日，木垒县南沟大队的 24 只羊患病邀诊。主诉：由于风雪交加，圈内温度降低，近 3 天共有 35 只羊发病。检查：病羊不同程度的腹泻，其中有 9 只羊卧地不起，扶起不能站立，叫声低微。诊为急性羔羊痢疾。治疗：取方药（1），灌服，60mL/只。晚 10 时又服药 1 次。次日，有 16 只羔羊病情减轻，其中卧地不起的 3 只羊又服药 1 次，第 3 天全部治愈。（董林生，T18，P47）

（3）1997 年 4 月 30 日，天祝县炭山岭镇河滩队王某的 1 只 1 岁羔羊患病邀诊。主诉：该羊发病后灌服抗蠕敏、痢菌净粉无效。检查：病羊体温 39.6℃，精神沉郁，呼吸急促，肛门周围及后腿被粪污染。诊为羔羊痢疾。治疗：仙翁止痢散［见方药（2）］100g，分 3 次（间隔 12h）灌服，痊愈。（邸福川等，T115，P28）

（4）2006 年 7 月 12 日，綦江县石角镇马脑山周某饲养的羔羊发病邀诊。主诉：该羊场共有 96 只羊，有孕羊 52 只，其中 12 只母羊所产的 15 只羔羊于产后相继发生下痢，1 日龄发病 2 只，2～3 日龄发病 9 只，4～5 日龄发病 3 只，7 日龄发病 1 只。检查：病羊精神沉郁，排黄绿色或灰白色液状粪、气味恶臭，弓腰腹痛，全身颤抖，体温正常，其中 2 只羔羊病情较重，极度消瘦，体温偏低，卧地不起。剖检最严重的一只病羔羊，病理变化同上。根据流行病学、临床症状及病理变化，诊为羔羊痢疾。治疗：给 12 只母羊灌服方药（3），用法相同。服药 1 剂，病羊精神好转，腹泻减轻；服药 2 剂，病羊精神活跃，腹泻基本停止。服药 3 剂，痊愈。随后，对 40 只妊娠母羊分别于产前 15 天、10 天、5 天喂服黄白苦心汤进行预防，所生产的羔羊未再发生痢疾。（赵应其等，T155，P58）

肠毒血症

肠毒血症是指羊感染魏氏梭菌（产气荚膜梭菌 D 型），引起以肾脏软化为特征的一种急性传染病，又称软肾病、类快疫。

【流行病学】　本病病原是魏氏梭菌（产气荚膜梭菌 D 型），属厌气性粗大杆菌，革兰染色阳性。魏氏梭菌为土壤常在菌，也存在于污水中，羊采食被魏氏梭菌芽孢污染的饲草或饮水，芽孢随之进入消化道，一般情况下并不引起羊发病。当饲料突然改变，特别是羊从吃干草改为采食大量谷类或青嫩多汁和富含蛋白质的草料之后，导致羊的消化功能紊乱，魏氏梭菌在肠道迅速繁殖，产生大量毒素并进入血液，引起全身毒血症。多见于绵羊，尤其 2～12 月龄、膘情较好的羊易发，山羊发病较少。多发生于春夏之交和秋收季节。

【主症】　最急性，病羊突然倒地，痉挛、抽搐，四肢划动，肌肉震颤，眼球转动，磨牙，口鼻流沫，数分钟或数小时后死亡。急性，病羊于 2～3 天死亡。成年羊病情缓慢，行走缓慢无力，精神不振，卧地不起，食欲废绝，呼吸加快，磨牙。病程稍长者伴有神经症状，头向后倾或斜向一侧，排稀黑色混有黏液粪，有时粪中混有血液，倒地后头向后仰、呈昏迷状态，如果治疗不及时则很快死亡。

【病理变化】 肾脏表面充血，肾实质松软易碎；小肠充血、出血，甚至波及整个肠壁，有的肠壁上有溃疡；脑组织呈液化性坏死；胸腔、腹腔和心包积液；腹膜、膈膜和腹肌有出血斑；心内、外膜有出血点。

【治则】 清热解毒，养血活血。

【方药】 黄连解毒汤。黄连 10g，黄芩、黄柏各 15g，栀子 20g。共研细末，开水冲调，候温灌服，每天 1 剂，连服 3～5 剂。

【防制】 定期用 2%～3% 氢氧化钠溶液和 2% 漂白粉溶液消毒用具、场地；饮用 0.1% 高锰酸钾溶液；加强饲养管理，雨季多喂粗饲料，少喂菜根、菜叶等多汁饲料；减少不必要的应激反应。在常发病期定期注射羊厌氧菌病三联苗或五联苗进行免疫预防。

【典型医案】 2005 年 10 月，广饶县西马楼村马某的 1 只约 45kg 奶山羊患病邀诊。检查：病羊行走缓慢无力，行走数步后卧地不起，精神萎靡，食欲废绝，呼吸加快，磨牙，粪中混有血液。诊为肠毒血症。治疗：黄连解毒汤加川芎 2g，当归 10g，地榆 15g，用法同上，治疗 4 天，痊愈。（唐少刚，T143，P45）

伪狂犬病

伪狂犬病是指羊感染伪狂犬病病毒，引起以发热、剧痒及脑脊髓炎等为特征的一种急性传染性病。

【流行病学】 本病病原是伪狂犬病病毒，属于疱疹病毒科 α 疱疹病毒亚科，呈球形或椭圆形，对外界环境抵抗力较强。病猪、带毒猪和带毒鼠类是本病的重要传染源。羊接触了被鼠类和猪污染的饲料、饮水，通过消化道、鼻黏膜、生殖道黏膜或体表伤口感染而发病。一年四季均可发生，绵羊、山羊均易感。

【主症】　病羊精神沉郁，食欲废绝，磨牙，流涎，眼睑水肿，眼结膜潮红、水肿、流泪，脓样分泌物增多，间歇性烦躁不安，肌肉颤抖，唇部、眼睑及头部奇痒，常摩擦发痒部位，可见奇痒处皮肤脱毛、水肿甚至出血。后期，病羊严重麻痹，大量流涎，甚者衰竭而死亡。

【病理变化】　心脏内外膜出血；肺脏表面有坏死性化脓灶；肾脏瘀血；脑膜、脑实质充血、水肿，有出血斑或出血点；其中1只羊肝脏充血、肿胀；其他器官未见异常。

【治则】　清热解毒，镇定解痉，防止继发感染。

【方药】　连翘、板蓝根、地骨皮、淡竹叶各100g，金银花50g，黄连20g，栀子、黄花地丁、生地黄、麦冬、夏枯草各80g，黄芩30g，芦根200g（为25kg羊的药量）。水煎取汁，候温灌服，每天1剂，连服3剂。精料中加入维生素C粉剂；饮水中按说明书添加葡萄糖和电解多维，以增强羊的体质，防止继发感染。

【防制】　防鼠灭鼠，控制和消灭鼠源传播，禁止猪进入羊舍。对发病羊和疑似病羊立即扑杀，尸体无害化处理，粪便发酵处理，用百毒杀（浓度为1∶600）严格消毒羊舍、用具及周边环境，每天1次，连用3天。用伪狂犬病弱毒疫苗按说明书剂量对全群羊进行免疫接种，间隔7天进行二次免疫（注射部位为大腿内侧或颈部，第1次左侧，第2次改为右侧）。

【典型医案】　2010年2月中旬，滨海县樊集乡某养殖户新购进的56只本地山羊，5天后发现个别羊食欲减退，精神不振，反刍减少，体温39℃，稍有流涎，眼结膜充血，流泪，有少许脓样分泌物，舌尖经常舔抵唇缘。用青霉素、恩诺沙星和氧氟沙星等药物治疗病情反而恶化，至3月10日已有7、8只羊发病，其中较严重的2只羊呼吸迫促，精神沉郁，食欲废绝，体温41.5℃，磨牙，流涎，眼睑水肿，眼结膜潮红、水肿、流泪，脓样分泌物增多，间歇性烦躁不安，肌肉颤抖，唇部、眼睑及头部奇痒，常摩擦发痒部位，可见奇痒处皮肤脱毛、水肿甚至出血。3月11日下午，2只病重羊已不能站立，咽喉麻痹，大量流涎，最后衰竭死亡。主诉：曾怀疑是体外寄生虫感染，给全群羊注射阿维菌素，注射后第5天，妊娠母羊发生流产。剖检2只病死羊，可见心脏内、外膜出血；肺脏表面有坏死性化脓灶；肾脏瘀血；脑膜、脑实质充血、水肿，有出血斑或出血点；其中1只羊肝脏充血、肿胀；其他器官未见异常。根据发病情况临床症状和病理变化，诊断为伪狂犬病。防治：对患病羊和疑似病羊立即扑杀，尸体无害化处理，粪便发酵处理，用百毒杀（浓度为1∶600）严格消毒羊舍、用具及周边环境，每天1次，连用3天。用伪狂犬病弱毒疫苗按说明书对全群羊进行免疫接种，间隔7天进行二次免疫。取上方药，用法相同。5天后回访，再无病羊出现。（仇道海，T167，P74）

破伤风

破伤风是指羊感染破伤风梭菌，引起以牙关紧闭、全身肌肉僵硬、行走起卧困难为特征的一种急性传染病，又名强直症，俗称锁口风。

【流行病学】　本病病原为破伤风梭菌，属芽孢杆菌属细长杆菌，多单个存在，能形成芽孢，耐热，为专性厌氧菌，故被土壤、粪便或腐败组织所封闭的伤口最容易感染和发病。通常由伤口污染含有破伤风梭菌芽孢及其毒素，特别是创面损伤复杂、创道深的创伤更易感染，也可经胃肠黏膜的损伤部位而感染。破伤风梭菌侵入伤口后，在局部大量繁殖并产生毒素，侵害神经系统。母羊多发生于产死胎和胎衣不下的情况下，有时是由于难产助产中消毒不严格，以致在阴唇结有厚痂的情况下发生本病。多发生于新生羔羊，绵羊比山羊多见。多为散发，无明显的季节性。

破伤风梭菌对青霉素敏感，磺胺药次之，链霉素无效。

【主症】　病羊饮食欲减退，反刍明显减少，瘤胃臌气，全身肌肉僵硬，站如木马，行走短步，腰及四肢难以弯曲，起卧极度困难，口流黏液，牙关紧闭，两耳直立，易受惊，稍有声响其全身痉挛和瞬膜显著外翻，体温一般正常。

【诊断】 根据破伤风的特征性反射、兴奋性增高和骨骼肌强直性痉挛等特征，在排除类似症状外即可作出诊断。从创伤感染部位采集病料进行细菌分离和鉴定，结合动物实验进行确诊。

【治则】 清热解毒，祛风解痉，消肿止痛。

【方药】

（1）新鲜紫皮蒜，剥皮，用水洗净，切成薄片，装入瓶内，加1.5倍容量的生理盐水浸泡12h，滤取浸液，备用。第1次取30～50mL，以后逐渐减至20～30mL，分点深部肌内注射，每天2次，连用7～10天。在治疗过程中，根据情况可单独使用大蒜液，也可配合其他药物使用。共治疗数例，收效较好。（梁庆久等，T30，P60）

（2）破伤风抗毒素，于百会穴蛛网膜下腔注射，辅以抗生素、解痉药，结合清创等综合措施。共治愈数例，且用药少、疗程短。（徐景义，T62，P26）

（3）葛根解痉汤。葛根15g，桂枝、白芍各8g，防风、全蝎、天南星各10g（为50kg羊药量）。无汗（皮肤干燥皱缩）者加麻黄；阳虚者加附子；有热者加黄芩；便秘或者流涎者加大黄；瘤胃臌气者加枳壳。水煎取汁，候温，每天分3次灌服。牙关紧闭不能灌药者，用乌梅2枚，温水泡软，塞于两腮内；咽肌痉挛不能吞咽者，用胃管（或软胶管）投服；创伤处肿起黄白色痂皮者，用杏仁（去皮）和雄黄捣烂敷之。共治疗3例，均治愈。（刘天才，T22，P60）

（4）荆芥、防风、羌活、独活、白芍、茯神、川贝母、姜半夏、姜南星、甘草梢各20g，广木香、全蝎各15g，蜈蚣15条，鲜姜50g。水煎取汁，候温灌服，每天1剂；精制破伤风抗毒素8万单位/次，肌内注射；青霉素640万单位，链霉素4g，肌内注射，每天2次；10%硫酸镁100mL，肌内注射，每天1次。

（5）干大枣1枚（去核），结网活蜘蛛1只。将蜘蛛塞入干大枣中，文火焙干为末，加黄酒50mL，调匀，缓缓沿嘴角灌服。（李万松等，T98，P32）

（6）壁虎2～3只，结网活蜘蛛4～5只。先将壁虎处死，剖开腹腔，然后将蜘蛛置于壁虎腹腔中，文火焙干，为末，加黄酒50mL（约为20kg羊药量），调匀，缓缓沿嘴角灌服。（刘以洪，T104，P36）

【防制】　加强护理，将病羊圈入环境安静、黑暗、温暖、卫生、干燥的圈舍里喂养，尽量减少声、光刺激，保证水和营养的供给，喂给流食，勤饮勤喂，注意维持其体内水和电解质的平衡。对一切手术伤口，包括剪毛伤、断尾伤及去角伤等均应特别注意消毒；对感染创伤进行有效的防腐消毒处理；注射破伤风类毒素进行预防。

【典型医案】　2002年8月14号，亳州市牛集镇北边大杨庄杨某的1只3岁、体重80kg种公羊，于13日配种爬跨母羊时出现动作失调、行动笨拙等异常现象，14日异常行为更为明显来诊。检查：病羊饮食欲减退，反刍明显减少，瘤胃臌气，全身肌肉僵硬，站如木马，行走短步，腰及四肢难以弯曲，起卧极度困难，口流黏液，牙关紧闭，两耳直立，稍有声响其全身痉挛和瞬膜显著外翻。经询问畜主，之前给羊曾安装过耳环。诊为破伤风感染。治疗：摘除耳环，创面用3％双氧水清洗，5％碘酊消毒，然后撒布自制的冰硼生肌散，每天1次；取方药（4），用法相同。15日，病羊的病情得到基本控制。除精制破伤风抗毒素减至6万单位/次，10％硫酸镁减至80mL外，其他继用方药（4）。16日，病羊症状略有好转，流涎减少，瘤胃臌气消失，饮食欲、反刍、精神状态、行动等亦有改善，有时可自行起卧。精制破伤风抗毒素减至4万单位/次，10％硫酸镁减至60mL，其他继用方药（4）。17日，病羊症状明显好转，可自行起卧、转弯、后退自如，流涎停止，遇声光等强刺激时瞬膜不再外露，饮食欲增加，反刍接近正常，性欲亦明显增强。精制破伤风抗毒素减至3万单位/次，10％硫酸镁50mL，每天1

次，肌内注射；青霉素 400 万单位，链霉素 3g，用注射用水溶解，肌内注射，每天 2 次。取当归、白术、陈皮、茯神、白芍、川贝母、荆芥、防风、桂枝、升麻、独活、青皮、甘草各 20g。水煎取汁，候温灌服，每天 1 剂。为巩固疗效，除停止使用精制破伤风抗毒素外，其他药物继用 2 天，康复，于 26 日恢复配种。（蒋昭文，T125，P43）

第五章
寄生虫病

绦虫病

绦虫病是指裸头科的多种绦虫寄生于羊小肠，引起以腹泻、消瘦、贫血为特征的一种寄生虫病。

【流行病学】 寄生在羊小肠的绦虫有莫尼兹绦虫、曲子宫绦虫和无卵黄腺绦虫，其中莫尼兹绦虫对羊的危害较大。绦虫虫体扁平、呈白色带状，分为头节、颈节、体节3部分。羊绦虫成熟节片及虫卵随粪排出体外，被中间宿主地螨吞食，在其体内1个月左右发育为具有感染力的似囊尾蚴，羊吞食有感染力的地螨，即吸附于宿主羊肠黏膜上，经约40天发育为成虫，以机械作用、毒素作用和夺取营养而使羊致病。主要危害1.5～8月龄的幼羊，青年羊也会发病或死亡，2岁以上的羊发病率较低。成年羊一般为带虫者，临床症状不明显。

【主症】 轻度感染者症状不明显，当寄生数量较多时症状加重，尤其是幼年羊。严重者消化功能紊乱，体瘦乏力，发育不良，脱毛，水肿，腹部疼痛或臌气，顽固性腹泻，粪中带有孕卵节片。

后期，病羊衰弱，出现行走摇摆、四肢叉开、痉挛、抽搐、回旋运动等神经症状。末期，病羊卧地不起，头向后仰，经常出现咀嚼样动作，口吐白沫，精神极差，反应迟钝甚至消失。虫体呈团引起肠阻塞时，病羊发生腹痛，甚至肠破裂而死亡。

【病理变化】 小肠中有数量不等的虫体，其寄生处有卡他性炎症，肠系膜淋巴结肿大 10～20 倍，呈干酪样坏死，肠内容物稀薄，可见数条至数十条长 30～60cm 的白色扁平虫体，肠壁扩张，肠管增生、变性；肝脏肿大，边缘变钝、质变硬；胆囊充盈，壁增厚，胆汁呈黄色、黏稠，胆总管增粗；脑髓有出血性浸润或溢血现象；心内膜出血，心肌变性。

【诊断】 根据临床症状、流行病学，结合粪中的节片和虫卵进行确诊。感染初期，虫体尚未成熟，粪中不见节片或虫卵，但已出现临床症状，应作解剖检查，或用驱虫药物进行诊断性驱虫予以确诊。

【治则】 杀虫解毒，收敛止泻。

【方药】 槟榔、芒硝、石榴根皮、南瓜子、红糖各 50g。共研为末，用开水 1500mL 冲调，候温灌服。（秦连玉等，T59，P34）

【防制】 消灭中间宿主地螨是预防本病的关键。通过施行更新牧场、农牧轮作、种植高质量牧草等措施限制地螨活动；采取圈养的饲养方式，减少羊吞食地螨而感染；避免在低洼湿地放牧，尽可能避免在清晨、黄昏和雨天等地螨活动高峰期放牧，以减少感染；搞好环境卫生与圈舍消毒工作；定期开展预防性驱虫，舍饲改放牧前对羊群驱虫，放牧 1 个月内 2 次驱虫，1 个月后 3 次驱虫。

前后盘吸虫病

前后盘吸虫病是指前后盘科的多种前后盘吸虫寄生于羊瘤胃和网尾壁上所引起的一种寄生虫病，又称瘤胃吸虫病。我国南方较北方多见。

【流行病学】 本病病原为前后盘科（*Paramphistomatidae*）

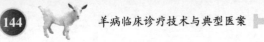
前后盘吸虫、殖盘吸虫、腹袋吸虫、菲策吸虫、卡妙吸虫、平腹吸虫等。成虫为深红色或灰白色，呈圆柱状、梨形或圆锥形等，虫体长数毫米至 20 余毫米不等。口吸盘位于虫体前段，另一吸盘位于虫体后端，显著大于口吸盘。病羊经粪排出虫卵，在外界适宜的条件下，经中间宿主淡水螺发育成尾蚴逸出，在水草上形成囊蚴，当羊吞食含有囊蚴的水草后，童虫在小肠、真胃及其黏膜下组织、胆管、胆囊、大肠、腹腔液甚至肾盂中移行寄生 3～8 周，最终到达瘤胃内发育为成虫。成虫寄生于瘤胃和网尾壁上时危害不大；幼虫移行寄生于真胃、小肠、胆管、胆囊时可引起严重疾病，甚至导致死亡。主要发生于多雨的年份和夏秋季节，特别是长期在湖滩地放牧时较易感染本病。

【主症】　童虫大量入侵十二指肠，病羊精神沉郁，食欲减退，消化不良，顽固性腹泻，粪呈粥样或水样、气味腥臭，体温有时升高，急剧消瘦，渐进性贫血，颌下水肿，黏膜苍白；血液稀薄，血红蛋白含量降至 40% 以下，白细胞总数稍升高、核左移。后期，病羊精神萎靡，极度虚弱，眼睑、颌下、胸腹下部水肿，最后常因病情恶化而死亡。成虫引起的症状，主要是消瘦、贫血、下痢和水肿，但经过缓慢。

【病理变化】　成虫寄生部位发炎，结缔组织增生，形成米粒大的灰白色圆形结节，结节表面光滑；瘤胃绒毛脱落，在瘤胃和网胃内可见成虫。童虫引起所寄生器官的炎症，大肠含有大量混有血液的液体，十二指肠肿胀、出血。

【诊断】　根据临床症状和流行病学综合分析进行诊断，或进行试验性驱虫，如果粪中发现相当数量的童虫或成虫即可作出诊断，也可用沉淀法在粪中发现虫卵加以确诊。

【治则】　杀虫解毒，散瘀消肿。

【方药】　博落回（以鲜品为佳），0.1g/kg，拌料喂服。

【防制】　消灭中间宿主淡水螺，改良土壤造成不利于淡水螺类生存的环境，或利用水禽或化学药物灭螺；不在低洼、潮湿地放牧、饮水，避免羊感染淡水螺；做好环境消毒、粪便堆积发酵等无害化处理；舍饲期间进行预防性驱虫等。

【典型医案】 1995 年 10 月，吉安县油田乡屯山村养羊户杨某引进一批成都麻羊。1996 年上半年发现羊群在放牧时因采食博落回后随粪排出了不少红色的米粒状而比米粒稍大的虫体，经临床检查为前后盘吸虫。取新鲜博落回，0.1g/kg（体重），拌料喂服。此后羊群生长良好，膘肥体壮。（郭岚，T91，P29）

片形吸虫病

片形吸虫病是指肝片形吸虫和大片形吸虫寄生于羊胆管内，引起以急性、慢性肝炎和胆管炎并呈现全身性中毒和营养障碍为特征的一种寄生虫病。多呈慢性经过。多发生在低洼、潮湿的放牧区。

【病因】 夏末和秋季，羊吞食了大量的肝片形吸虫和大片形吸虫囊蚴，寄生于胆管而发病。

【主症】 急性型，病羊精神沉郁，体温升高，食欲降低至废绝，偶见腹泻，眼结膜苍白、贫血，严重者于数天内死亡。慢性型，病羊逐渐消瘦，黏膜苍白、贫血，被毛粗乱、易脱落，眼睑、颌下、胸腹皮下水肿，食欲减退，便秘下痢交替发生，渐进性消瘦，最后因病情恶化而死亡，一般病程可达 1～2 个月。

【病理变化】 腹腔内有红色液体，腹膜发炎；肝脏肿大，有不同程度出血，肝包膜有少量纤维素沉积，胆管扩张，有的增厚，有的完全堵塞，严重的胆管凸出于肝脏表面、如细绳索样，胆管内有幼虫虫体；胸腹下有不同程度的水肿，颌下水肿最严重，并有大量黄色液体。

【治则】 驱虫杀虫，补中益气。

【方药】 硝氯酚 6mg/kg，灌服，每天 1 次，连服 2 天；丙硫苯咪唑 5mg/kg，灌服；贝尼尔 4mg/kg，颈深部肌内注射，每天 1 次，症状无缓解和危重羊延长治疗时间。取 5％葡萄糖氯化钠注射液、10％维生素 C 注射液、10％碳酸氢钠注射液、10％安钠咖注射液，缓慢静脉注射，每天 1 次，连用 2 天。继发感染者，肌内注

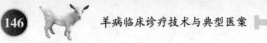

射抗生素。体质差、病情较轻者用补中益气汤加减：黄芪、神曲各15g，党参、当归、陈皮、白术各12g，柴胡5g，升麻9g，益母草10g，麦芽、山楂各25g。共研细末，开水冲调，候温灌服，每天1剂，连服2剂。病情较重者用附子理中汤加减：制附子20g，党参、干姜、白术各10g，泽泻5g，甘草15g。共研细末，开水冲调，候温灌服，每天1剂，连服3剂。未发病者用硝氯酚4mg/kg进行预防。围栏内、圈舍内粪便进行发酵处理，消灭中间宿主。

【防制】 定期驱虫，驱虫的次数和时间必须与当地片形吸虫病发病时间相结合。每年进行1次驱虫，可在秋末冬初季节进行；每年进行2次驱虫，可在来年的春季进行。粪便需经发酵处理杀死虫卵后方能应用，特别是驱虫后的粪便更需严格处理。放牧应尽量选择地势高而干燥的牧场，条件许可时轮牧，不饲用被囊蚴污染的水草，加强饲草和饮水的来源和卫生管理。

【典型医案】 2000年9月8～16日，临潭县石门乡大河桥村石拉路社李某的48只绒山羊，因精神沉郁、食欲废绝邀诊。检查：病羊食欲减退，反刍停止，磨牙，结膜苍白，消瘦，呼吸79～91次/min，体温38.5～41℃，颌下水肿，粪气味恶臭、有黏液。剖检病死羊，可见胆管内有肝片吸虫幼虫。诊断为肝片形吸虫病。治疗：硝氯酚6mg/kg，丙硫苯咪唑5mg/kg，1次灌服；5%葡萄糖氯化钠注射液500mL，10%碳酸氢钠注射液20mL，10%维生素C注射液、10%安钠咖注射液各10mL，混合，1次缓慢静脉注射，每天1次，连用2天。连续治疗3天，病羊精神逐渐恢复，出现食欲，体温38.5℃，病情好转。32只病情严重的羊，在上述治疗的同时，灌服加减补中益气汤；6只羊灌服加减附子理中汤，每天1剂，连服3剂，痊愈44只。（王国仁等，T134，P49）

脑脊髓丝状线虫病

　　脑脊髓丝状线虫病是指羊感染丝状线虫的幼虫，并随血液进入羊脑或脊髓腔中引起的一种寄生虫病。

【流行病学】　本病病原为指形丝状线虫的幼虫。成虫寄生于牛的腹腔，雌虫在牛腹腔产生微丝蚴随血流到体表末梢血管中，蚊虫叮咬牛后随血液将微丝蚴吸入体内，经蜕化、发育成侵袭性幼虫，当蚊虫再次叮咬羊时，侵袭性幼虫随血流进入羊的脑或脊髓腔中而发病。

【主症】　初期，病羊站立不稳，步态异常，运步时蹄尖轻微拖地（滚蹄），后肢强拘无力，行走缓慢，后躯摇摆。后期，病羊运步时两后肢外张，捻蹄或蹄头拖地前进、呈犬坐姿势，人为强行扶起也不能站立，采食、粪尿正常。

【治则】　驱虫杀虫，祛风除湿。

【方药】　独活寄生汤加减。独活、桑寄生、川芎、当归、千年健、木瓜、防己、防风、苍术、柴胡、桂心、补骨脂（破故纸）、炒杜仲各 25g，乳香、没药、川续断、巴戟天、生姜、甘草各 20g，牛膝、菟丝子各 30g。水煎取汁，候温分 3 次灌服，每天 1 剂，500mL/次，连服 4 天；维生素 C 0.5g，10% 葡萄糖注射液 500mL，混合，静脉注射，每天 1 次，连用 3 天；丙硫咪唑片 1000mg/10kg，1 次灌服；尹力佳注射液 0.2mL/10kg，皮下注射。

【防制】　羊舍要远离牛舍，同时搞好羊舍及周围环境卫生，灭蚊驱虫，防止蚊虫叮咬。

【典型医案】　2002 年 7 月上旬，丹寨县种牛羊基地饲养的 2 只种用波尔公山羊发病，以后躯运动神经功能障碍为特征，按缺钙引起骨软症进行治疗未见好转来诊。检查：病羊发病突然，病初站立不稳，后肢提举不充分，步态异常，运步时蹄尖轻微拖地（滚蹄），行走缓慢，后躯摇摆。随着病程延长，病羊运步时两后肢外张，捻蹄或蹄头拖地前进，最后后坐于地（犬坐姿势），针刺后肢有反射，用手触摸两后肢皮温冰凉，人为强行扶起也不能站立；精神沉郁，体温 38.6℃，呼吸 25 次/min，心率 75 次/min，采食量减少。根据流行病学、临床症状和病理变化，诊断为脑脊髓丝状线虫病。治疗：取上方药，用法相同，连续治疗 4 天，痊愈。（王晓明等，T121，P36）

捻转血矛线虫病

捻转血矛线虫病是指捻转血矛线虫寄生于羊的真胃，引起以贫血和消化功能紊乱为特征的一种寄生虫病。

【流行病学】　捻转血矛线虫主要寄生在羊的真胃，虫体呈毛发状，新鲜虫体相互缠绕、呈红白相间的"麻花状"，雄虫长 18～22mm，雌虫长 26～32mm，虫卵为椭圆形、灰白色，大小为 $(75\sim95)\mu m\times(40\sim50)\mu m$。虫卵随羊粪排出体外，在外界适宜温度和湿度条件下，一昼夜即可孵出幼虫，经两次蜕化，1 周左右发育成为侵袭性幼虫，污染饲草，当羊吞入被侵袭性幼虫污染的饲草后受感染。在正常情况下，幼虫在羊体内 25～35 天即发育为成虫，大量产出虫卵。本病发病季节明显，7 月中旬零星发病，9 月初发病、死亡达到高峰，9 月底趋于稳定；发病羊以放牧为主，且长期在低洼潮湿、沟河、池塘边放养的羊多发；不分年龄大小羊均可感染。

【主症】　病羊精神沉郁，鼻流清涕（状似感冒），闭目呆立，被毛干枯、无光泽，贫血，腹泻与便秘交替发生，渐进性消瘦，行走无力，步态不稳，有时卧地不起，嗜睡，眼结膜、口腔黏膜及皮肤极度苍白，病情严重者颌下水肿，放牧掉群，终因极度衰竭而死亡。幼龄羊发病后迅速消瘦，短期内大批死亡；体温正常或略高，粪基本正常，或稍稀软，不成球。

【病理变化】　病羊消瘦，贫血，血液凝固不良、稀薄、如茶水色；真胃黏膜轻度充血、水肿，胃内容物呈浅红色、含有大量虫体并附有很多长 20mm 左右的虫体；内脏显著苍白，胸、腹腔及心包积水；大网膜和肠系膜胶样浸润；肝脏呈浅灰色、脆弱易烂。

【诊断】　取病羊新鲜粪 1g，加少量生理盐水，捣碎、过筛、涂片、镜检（100 倍），发现虫卵即可确诊。

【治则】　杀虫驱虫，对症治疗。

【方药】　左旋咪唑 9mg/kg，或丙硫咪唑 10～15mg/kg，灌服。间隔 5～6 天重复用药 1 次，效果更佳。

【防制】 加强对羊群管理，各龄期的羊应分开饲养，不宜混养；羊舍要建在干燥处，并定期消毒，加强管理，保持环境卫生；粪便堆积发酵；引种时要加强检疫，做到早预防、早发现、早治疗；放牧季节，依据寄生虫的流行动态进行有目的的驱虫，合理轮牧。

【典型医案】 1996 年 8 月，从菏泽市安兴镇国庄种羊场调进的 32 只小尾寒羊种羊，经长途运输到达山西省晋城市后发现 1 只羊鼻流清涕，随后其他羊亦陆续发病，死亡 4 只。安兴镇兽医站兽医跟踪服务，用青霉素、链霉素、卡那霉素、安乃近等药物治疗无效。经临床调查和实验室检查，诊断为捻转血矛线虫感染。治疗：取上方药，用法相同，取得了满意效果。（苏庆平等，T89，P32）

泰勒虫病

泰勒虫病是指泰勒科泰勒属的山羊泰勒虫及绵羊泰勒虫侵害羊网状内皮系统细胞和红细胞引起的一种血液原虫病，又称焦虫病。

【流行病学】 本病病原是孢子虫纲梨形虫亚纲梨形虫目泰勒科的绵羊泰勒虫（*Theileria ovis*）和山羊泰勒虫（*Theileria hirci*），虫体寄生于绵羊红细胞内，多为圆形或卵圆形，少数为逗点形、十字形、边虫形及杆形等，虫体直径 0.6～2.0μm，在 1 个红细胞内可寄生 1～4 个。泰勒虫病的主要传播媒介为血蜱，病原在蜱体内经过有性的配子生殖，产生子孢子，当蜱吸血时即将病原注入羊体内。泰勒虫在羊体内首先侵入网状内皮系统细胞，然后在宿主肝脏、脾脏、淋巴结和肾脏内进行裂体繁殖，形成大裂殖体，破裂后放出许多大裂殖子，又侵入新的网状内皮细胞重复无性繁殖。有的大裂殖子发育成小裂殖体，为有性繁殖虫体，破裂后里面的许多小裂殖子进入红细胞内发育成配子体。当蜱吸食羊的血液时，泰勒虫又进入蜱体内发育。多发生于 4～6 月。以 1～6 月龄羔羊发病较多，死亡率也高。

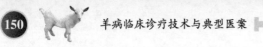

【主症】　初期，病羊体温升高达 40～42℃，稽留 4～7 天，精神沉郁，食欲减退或废绝，肢体僵硬，行走困难，掉群，肩前淋巴结肿大如花生米大小。后期，病羊四肢无力，卧地不起，眼结膜苍白、贫血、黄染，个别病羊皮下发绀，肩前淋巴结肿大至鸽蛋或鸡蛋大小，经 7～12 天死亡。

【病理变化】　体表淋巴结肿大，全身淋巴结均呈现不同程度的肿胀、充血或出血；肺脏水肿、充血；肝、脾脏和胆囊明显肿大，有溢血点；肾脏有黄褐色或淡白色结节和出血点；真胃、肠道黏膜溃疡，有出血点；心外膜、心冠脂肪有出血点，并呈胶胨样浸润；个别羊皮下弥漫性充血、出血。

【诊断】　取病羊耳静脉血液，涂片，姬姆萨染色，镜检，可见红细胞内有圆形或椭圆形泰勒虫虫体即可确诊。

【治则】　杀虫驱虫，对症治疗。

【方药】

（1）贝尼尔，3～5mg/kg，用注射用水配成 5% 的浓度，深部肌内注射，每天 1 次，连用 3 天；或用青蒿琥酯片，10mg/kg，每天 2 次，连用 2～5 天，首次剂量 20mg/kg。预防可用 5% 倍特 1mL，加水 100mL，喷洒于耳后、颈、下颌、腹部、前后肢及尾内侧等处灭蜱，或用特敌克药浴。

（2）贝尼尔，5mg/kg，用生理盐水配成 5% 的溶液，深部肌内注射，48h 后再注射 1 次（如果病羊体质衰弱，此药量分 2 次用药，隔 4～6h 注射 1 次）；5% 葡萄糖注射液 500mL，止血敏注射液 10mL，增效磺胺间甲氧嘧啶注射液 30mL，乌洛托品注射液 10mL，缓慢静脉注射。根据病羊的体重和病情，抽取健康羊血液 250～300mL，抽血时先按抽血量在空瓶中加入 10% 氯化钙，用针头连接胶管将血液盛入氯化钙瓶，边抽血边摇动取血瓶，使血液和氯化钙混合均匀，然后用血液瓶替换未输完的药液瓶，将血液缓慢输入，输完后再将剩余的药液继续滴注。取党参 15g，白术、茯苓、黄芪、血余炭各 10g，甘草 6g。共研细末，开水冲调，候温灌服，连服 3 天。

（3）贝尼尔，7mg/kg，颈部或臀部深部肌内注射，每天1次，连用3天。症状无缓解者间隔24h再注射1次。焦虫净，2mg/kg，专用溶液稀释，颈部肌内注射，每天1次，连用3天。危重病羊延长治疗时间。体质差者同时内服八珍汤加减：党参10g，当归、川芎、熟地黄、白术、白芍、茯苓、甘草、陈皮、木香各6g，黄芪5g。共研细末，开水冲调，候温灌服，每天1剂，连服2剂。根据病情，选用5％葡萄糖注射液、0.9％氯化钠注射液各500mL，20％安钠咖注射液10mL，维生素C注射液20mL，维生素B_{12}注射液1mL，静脉注射，每天1次，连用2～3天。继发感染者，肌内注射抗生素。

【防制】　预防本病的关键在于灭蜱。在本病流行区，传播媒介蜱活动季节多在3～11月，5～6月和9～10月最多。温暖季节，用敌敌畏或敌百虫水溶液喷洒圈舍的墙壁缝隙、裂缝处，以消灭越冬的幼蜱，同时清理圈舍如堵塞缝隙、清除杂草等，消灭蜱的滋生；在流行季节对羊进行药浴灭蜱。放牧羊群应定期进行灭蜱，用咪唑苯脲或贝尼尔（血虫净）进行预防注射。羊体和圈舍灭蜱可用2％～5％敌百虫溶液或0.06％辛硫磷溶液喷洒羊体和圈舍灭蜱。对病羊治疗的同时，全群羊采用7％贝尼尔溶液，4mg/kg，颈部深部肌内注射进行预防。防止外来羊将蜱带入和本地羊将蜱带出，认真做好购入、调出羊群的检疫工作。

【典型医案】

（1）1997年4月，临潭县畜牧局从郓城县引进631只小尾寒羊，分别投放到19个乡（镇）。5～6月，该县术布、城关、长川、店子、三岔、新堡等乡（镇）的羊因泰勒焦虫发病187只，死亡95只，死亡率和发病率分别为29.63％和15.1％。当地羊未发现患有本病。治疗：取方药（1），用法相同，效果良好。（安银富等，T89，P23）

（2）2004年10月3日，晋州市小尚村王某的35只绵羊，数天前有5只羊发病，当地兽医治疗无效已死亡1只，其他4只病羊距临产半月余。检查：病羊消瘦，精神萎靡，后躯被粪污染，粪呈酱色，眼结膜、齿龈苍白，有轻度黄染，体温41.5℃。采集病羊血检查，诊断为泰勒虫病。治疗：第1天，取贝尼尔，5mg/kg，配制成5%溶液，深部肌内注射；葡萄糖注射液500mL，维生素C注射液、止血敏注射液各10mL，增效磺胺间甲氧嘧啶注射液30mL，乌洛托品注射液10mL，静脉注射。采集健康羊（与病羊是同一个母羊）血300mL，输入病羊体内。用药后，病羊精神好转，眼结膜、唇黏膜出现血色。取方药（2）中药，共研细末，开水冲调，候温灌服。第2天不再输血，继续采用方药（2）治疗2天。半月后回访，4只病羊痊愈，并分别正常产羔，哺乳正常。除病羊外，全群羊按说明书注射贝尼尔预防。（曹增满等，T141，P44）

（3）2000年11月12～16日，临潭县石门乡大河桥村石拉路社孙某、杨某饲养的42只绒山羊，因体温高、厌食邀诊。检查：病羊精神沉郁，厌食，体温40～42℃，眼结膜苍白，有的黄染，呼吸80～96次/min，粪带有黏液，行动迟缓，食欲减退，肩前淋巴结肿大。羊体毛丛中有较多蜱。取左肩前淋巴结穿刺液和耳静脉血检查，红细胞中有石榴体和泰勒焦虫虫体。诊断为泰勒焦虫病。治疗：贝尼尔，7mg/kg，配成7%溶液，颈部深部肌内注射；5%葡萄糖注射液、0.9%生理盐水各500mL，维生素C注射液20mL，20%安钠咖注射液10mL，静脉注射，每天1次，连用2天。治疗3天，病羊体温38.5℃，食欲逐渐恢复，病情好转。其中28只羊病情严重，在用上述药物治疗的同时，灌服加减八珍汤［见方药（3）］，每天1剂，连服3剂，痊愈38只，4只羊因体质极度虚弱，于治疗的第2～3天死亡。（党元昌等，T121，P25）

附红细胞体病

附红细胞体病是指附红细胞体寄生于羊红细胞表面或血浆及骨髓中，引起以黄疸性贫血、发热、体质虚弱、流产、腹泻等为特征的一种非接触性传染病。

【流行病学】　本病病原多为绵羊附红细胞体，$0.8 \sim 2.5 \mu m$，呈球形、卵圆形、杆状及逗点状，常依附于红细胞上，有时也可游离于血浆中。主要通过蚊、虻、蜱等吸血昆虫叮咬传播，多发生于昆虫活动频繁的夏秋季节，尤其是多雨之后最易发生，常呈地方流行性。另外，手术器械、注射针头、配种等亦可造成传播。抗病能力弱、饲料营养不全面、卫生环境差、饲养管理技术不科学、免疫程序不合理等均可诱发本病。不同年龄与品种的羊均有易感性，妊娠母羊易感性最高。

【主症】　病羊精神不振，食欲减退，贫血，消瘦，个别羊体温 $41 \sim 42 ℃$、呼吸急促、气喘；部分病羊腹泻，眼结膜初期潮红，后期苍白、贫血；多数病羊咳嗽严重，流浆液性鼻涕，常黏附于鼻孔周围，腰背拱起，腹部紧缩，眼睑肿胀，流泪或流出脓性分泌物，肺部叩诊有浊音区。

【病理变化】　血液稀薄，凝固不良，全身肌肉色泽变淡，皮下脂肪黄染；颌下、肺门、肠系膜、腹股沟淋巴结高度肿大，不同程度出血；咽喉部有绿豆大小的出血性溃疡灶；气管内充满泡沫样黏液；肺部大面积瘀血或有点状出血；心肌变性如熟肉样；肝脏瘀血、肿大、质脆，表面有区域性坏死灶；胆囊充盈，胆汁似米汤样，胆囊黏膜出血；有的肾脏肿大，包膜易剥离，有弥散性小出血点；膀胱内膜充血、出血。

【诊断】　取血液数滴，加配制好的抗凝剂（适量）压片，镜检可见细胞被附红细胞体包围、呈星状、锯齿状等不规则形状，并上下运动可确诊。

吉姆萨染色可见红细胞边缘不整齐，虫体呈紫红色，具有较强折光性，中央发亮，形似气泡。瑞氏染色，红细胞呈淡紫红色，虫体呈蓝紫色。

【治则】　杀虫退热，滋阴养血。

【方药】

（1）发病羊用贝尼尔，8mg/kg，深部肌内注射，每天 1 次，连用 2 天；未发病羊用贝尼尔预防，3mg/kg，深部肌内注射。消瘦、气喘者用止喘王，1mL/10kg，肌内注射，或止喘王3支，兑水10L，供5只羊饮用。附红细胞体并发肺炎者，除采用上述方法外，取天花粉、生石膏各20g，黄芩10g，甘草6g（为2只成年羊药量），或清肺散500g（为10只羊药量），开水冲调，候温灌服。

（2）血虫净，0.1mg/kg，肌内注射；多西环素11%，拌料，连用3～5天；大青叶、生石膏、玄明粉各60g，黄芪、当归各35g，水煎取汁，候温灌服。病情较重者，隔日再用药1次。（赵素杏等，T141，P48）

（3）血虫克星注射液（磷酸伯氨喹啉），0.15mg/kg，肌内注射，每天1次，连用4天；金诺米先注射液（长效盐酸土霉素），0.1mL/kg，肌内注射，每天2次，连用5天。病羊采食后，取当归30g，黄芪60g（为1只羊的药量）。水煎2次，取汁混合，每剂分2次灌服，每剂间隔1天，连服3剂。注意对症治疗，补充维生素C、维生素K_3；心脏衰弱者注射强心剂等。

【防制】　加强饲养管理。夏季灭蚊蝇、驱螨灭蜱，减少闷热、疲劳、拥挤等应激因素，搞好环境卫生，厩舍通风排气。定期采用驱虫、药浴等方法驱除体内外寄生虫。加强注射针头、手术器械、打耳器的消毒与使用，杜绝创伤感染。科学搭配饲料，补充维生素与微量元素，提高机体抗病力。

【典型医案】

（1）2003年6月20日，南召县四棵树乡中原厂养羊户李某的96只波尔山羊患病邀诊。主诉：6月5日，1只妊娠2个月的母羊不食，喜卧，离群，喘促，体温41.5℃，用青霉素、安乃近、地塞米松等药物混合肌内注射，第2天上午体温40.5℃，下午体温仍为41.5℃，不食，喜卧，连续治疗5天，仍见消瘦、瘫痪。随后又有4只大小不等的羊发病，症状与前者相似。与该户相邻的赵某80只羊也有5只发病，20只羊喘促，不食，被毛粗乱。两户共发病36只。与此同时，南河店镇城口湾村也相继有羊发生同样的病症，而且均表现渐进性消瘦，喘促，大多数羊被毛粗乱，食欲减退或废绝，反刍正常，鼻流涕或稀或稠，咳嗽发喘，部分羊腹泻，个别羊体温偏高，消瘦，喜卧，磨牙发呛，眼结膜苍白。羊体表可见蜱等寄生虫。时值天气闷热，加上羊群拥挤，蚊蝇较多。根据临床症状，诊为附红细胞体病。治疗：取方药（1），用法相同，连续治疗15天，康复。（米向东等，T129，P43）

（2）2006年4月21日，岷县秦许乡包家沟村3群62只羊，发病18只，死亡1只。检查：病羊采食量迅速减少，有的饮食欲废绝，体温升高至40～42℃，精神沉郁，发呆，呼吸急促，有的呈腹式呼吸，大部分羊眼结膜苍白，有的眼结膜潮红、发绀，眼窝不同程度的下陷，尿液呈深黄色或咖啡色。剖检1只病死羊，可见全身浅表淋巴结肿大；肠系膜淋巴结及肺门淋巴结重度出血；心脏似水煮样，心包积液；肝脏肿大；胆囊多数充盈，胆汁呈米汤样、酱油色；膀胱黏膜呈弥漫性出血。治疗：立即将18只病羊隔离；取血虫克星0.15mg/kg，金诺米先0.1mL/kg，肌内注射，治疗3天，病羊采食量逐渐恢复。取当归540g，黄芪1080g。水煎2次，取汁混合，分为18份，分上午、下午灌服，每2天1次，连服2次。共治愈17例。（梅绚，T152，P49）

多头蚴病

多头蚴病是指多头绦虫的幼虫寄生于羊颅脑内，引起以脑部炎症为特征的一种寄生虫病，又称脑包虫病。

【流行病学】　由于犬、狼、狐狸食入含有多头蚴虫羊脑，幼虫在体内发育成成虫，多头蚴的孕卵节片脱落后随粪排出体外，孕卵节片释放出大量的虫卵，污染牧场、饲草和饮水，羊采食被污染的饲草或饮水而被感染，虫卵钻入肠黏膜，随血液进入脑部发育成多头蚴。囊泡由豌豆至鸡蛋大小不等，囊内充满液体，囊膜上有很多头节。主要感染2岁以内的羊。

【主症】　病羊精神沉郁，易惊，消瘦，行走不稳，周期性转圈，颈项弯向一侧，寄生于脑左侧向右侧转圈，寄生于脑右侧向左侧转圈，寄生于脑中部或小脑则突然前冲或后退，步态不稳，且易跌倒。遇障碍物时，将头抵在物体上呆立不动，眼睛感光检查，虫体寄生侧瞳孔扩大，对光或物反应迟钝，严重者双目失明。病的后期，寄生部位颅骨骨质松软，甚至穿孔，最后衰竭死亡。

【治则】 杀灭或取出虫体包囊。

【方药】

（1）APL多头蚴注射液（为丙硫咪唑等和有机物制成的油剂注射液）。在病羊头部颅骨中线偏左或偏右1cm、绵羊角后1～1.5cm处，根据病羊转圈或感光检查，虫体在转圈或感光迟钝的眼睛对侧颅内，位置确定后剪毛、消毒，用坚硬锥子在患病颅骨处刺一孔，垂直插入消毒针头（12#×40）约2/3，进针时食指压住针尾孔，进针后放开食指，则从针孔流出半透明液体（虫体液压力作用），然后依据病情用注射器吸出5～15mL半透明液体，再用另一注射器将2mL APL注射液注入多头蚴囊包中，最后压住针尾，取出针头。取5%葡萄糖盐水500mL，10%葡萄糖250mL，ATP（三磷酸腺苷）6mL，静脉注射；青霉素160万单位，链霉素100万单位，安痛定10mL，肌内注射，每天1次，连用3天。

（2）手术治疗

① 药械。手术刀、手术剪、止血钳、小镊子或注射器（带16～20号针头）、圆锯（可用民用刀、剪代替）各1具，缝合针、缝合线、药棉和5%碘酊、75%酒精、青霉素、消炎粉或其他消毒液等。

② 手术部位。孢囊寄生在浅表、病程较长者，由于囊包的压迫，颅骨往往变软，手压时会感到颅骨有弹性，术部应在颅骨较软处。孢囊寄生在大脑额叶，病羊抬头呈直线前进，易惊，狂躁或呆立。依据症状不易判定囊包部位，主要判断方法是除根据颅骨变软外，待病羊安静时，尤其是定眼看物或人时，头稍有些偏，手术部位应在额突上缘旁开中线处头较高的一侧；若病羊向一个方向转圈，对外侧失明或瞳孔反射消失者，囊包寄生在大脑颞叶、顶叶圈内的一侧（这种现象占多数），术部约在两角或两角基连线旁开中

线处。当病羊运动失调并伴有强直性痉挛，令羊加速运动时跌倒或半身瘫痪者，囊包寄生在大脑底部或小脑，术部应在枕骨脊的横静脉窦前，较健康的一侧旁开中线处。更准确的部位应在枕骨脊后，但此处颅骨较硬，皮下软组织丰富，在野外环境条件下手术比较困难。

③ 手术。用细绳捆绑病羊四肢，侧卧保定，患侧向上，助手保定羊头。术部剪毛、清洗、用 5％碘酊行常规消毒。手臂和器械可用酒精消毒。术部做一长 2.0～2.5cm 的"V"字形切口，将皮肤和皮下组织一起剥离，向后翻转，用缝针固定在相连一面的皮肤上，用剪、刀或其他器械撬开头骨（无圆锯时），刺破硬膜，此时如部位准确，囊包寄生浅表者会自行滑出。如囊包位置较深或部位稍偏者，需用小镊子探查，即将镊子合住，由浅到深向预计囊包所在的方向插入颅内，轻轻松开，借镊子的弹力分离脑组织。当镊子分离到囊包或附近时，囊包会因脑压自行滑出。囊包滑出后令助手将病羊头部倒仰，即术孔向下，让囊液自行流出，并缓缓拉出囊包。如取出有困难时，可将囊包刺破倾出部分囊液后再行拉出。如无镊子时可用 16～20 号针头向预计囊包所在的方向穿刺，当针头刺入囊包时，囊液会自行从针孔中流出，待流出部分囊液后再接上注射器，吸取囊液并将部分囊壁吸入针孔中捻转，拉出脑表面，再用止血钳夹住捻转拉出。取出囊包后即可闭合手术通路，局部涂撒消炎粉或青霉素粉等，但切忌将药物直接撒入颅腔内。闭合手术通路时，只要缝合皮肤即可，颅骨、硬膜等无需修补。无论用镊子探查或针头刺查均可出现囊包破裂、囊液流出而找不到囊包的现象，此时为了防止脑组织损伤严重，可尽量多排出囊液，不再找取囊膜。共治疗 67 例，其中手术中死亡 10 例，术后数日因护理不当和感染死亡 4 例，痊愈 53 例。在痊愈的 53 例中，取出孢囊 48 例，未取出孢囊 5 例。术后复发 2 例，其中取出孢囊 1 例，未取出孢囊 1 例。

（3）无症状者，取阿维菌素粉，0.1g/kg，灌服。有症状者，阿维菌素粉 0.15g/kg，灌服，隔 1 周后再灌服 1 次。同时肌内注射磺胺嘧啶钠，初次 30mg/kg，之后每次 20mg/kg，每天 2 次，连用 3～5 天。共预防羊 835 只，服药后发病 10 只；治疗发病羊 96 只，治愈 77 只，治愈率达 80%。

【防制】　加强卫生检疫，对有病脏器进行处理，严禁喂狗或随地丢弃，同时对犬等进行驱虫。对患病羊按脑膜脑炎的治疗原则进行治疗。

【典型医案】

（1）1996 年 9 月 29 日，中卫县宣和镇三营村刘某的 1 只 4 岁妊娠母羊患病就诊。检查：病羊右眼感光迟钝，向右转圈，确诊虫体在脑部左侧。治疗：局部剪毛、消毒、刺孔，吸出半透明液体 10mL，注入 APL 注射液 20mL；5% 葡萄糖注射液、10% 葡萄糖注射液各 500mL，ATP 6mL，静脉注射；青霉素 240 万单位，链霉素 100 万单位，安痛定 20mL，肌内注射，连用 3 天，痊愈。（鲍兴智等，T118，P37）

（2）天祝县钱宝乡上大沟村某养羊户的 1 只膘情良好的 1 周岁羯羊，因呆立、运动失调就诊。检查：令病羊加速运动时易跌倒，颅骨无变软现象。诊为脑包虫病，判断囊包寄生于大脑底部。治疗：手术部位确定在横静脉窦前旁开中线处。按方药（2）方法打开颅腔，用小镊子探查，囊包寄生较深，约 20min 后，囊包从脑深部滑出，探查时由于脑压大，羊保定不好，跳动，导致脑组织破损，并有少量脑质挤出（1～2g）。取出囊包后羊出现昏迷，闭合手术通路，约 90min，病羊站立，半个月后康复。

（3）天祝县钱宝乡上大沟村某养羊户的 1 只 2 周岁母羊，因呆立、偏头，诊断为脑包虫病，判断囊包寄生于大脑额叶。治疗：手术部位确定在额突上缘旁开中线处，按方药（2）之②法打开颅腔，囊包不在脑表面，用小镊子探查时不慎将囊包刺破，有少量囊液流出，探查约 30min 未见囊包，因怕羊死亡，只好闭合手术通路，半个月后康复。跟踪观察 3 年，产羔羊 3 只，至淘汰时未再复发。（柴作森，T146，P53）

（4）2002 年 3 月 10 日，隆德县温堡乡建国村杜某的 1 只 2 岁母羊患病就诊。主诉：10 天前放牧时该羊有离群现象，并不自主眨眼，怕惊，乱跑。检查：病羊左右转圈，有时无目的地行走，对外界刺激特别敏感，呼吸加快，心率 97 次/min，体温 41.5℃。诊断为脑包虫病。治疗：阿维菌素粉 10g，灌服，隔 1 周后再服药 10g；磺胺嘧啶钠 30mL，肌内注射，每天 2 次，连用 4 天。半个月后痊愈。（李文柏，T124，P20）

疥 癣

疥癣是指疥螨和痒螨寄生于羊体表面，引起以奇痒、脱毛、皮肤发炎等为特征的一种慢性寄生虫病，又称羊螨病、羊疥疮、羊癞。

【流行病学】 本病通过健康羊与患病羊直接接触传播，或通过被螨及其卵所污染的厩舍、用具间接接触传播，具有高度传染性，往往在短期内可引起羊群严重感染。绵羊多为痒螨病，山羊多为疥螨病。疥螨与痒螨的全部发育过程都需在宿主体表完成，包括虫卵、幼虫、若虫和成虫 4 个阶段，其中雄螨有 1 个若虫期，雌螨有 2 个若虫期。疥螨在羊表皮内不断挖凿隧道，并在隧道中不断繁殖和发育，完成 1 个发育周期需 8～22 天。痒螨在羊皮肤表面进行繁殖和发育，完成 1 个发育周期需 10～12 天。主要发生于冬季和秋末、春初季节。发病时，疥螨病一般始于皮肤柔软且毛发短的部位，如嘴唇、口角、鼻面、眼圈及耳根部，以后皮肤炎症逐渐向周围蔓延；痒螨病则起始于被毛稠密和温度、湿度比较恒定的皮肤部位，如绵羊多发生于背部、臀部及尾根部，然后向体侧蔓延。羔羊较成年羊严重。

【主症】 病羊瘙痒不安，常在坚硬物上揩擦，啃咬患部，后蹄蹬踢腹部，不时打滚，采食量减少，日渐消瘦，患部被毛脱落，皮肤潮红、有粟样黄色结节，伴有淡黄色渗出液，干燥后与绒毛结成厚薄不等的痂皮，有时痂皮龟裂，病情严重者几乎全身脱毛，衰竭

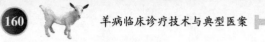

死亡。羔羊较成年羊严重。

【病理变化】　被侵袭羊皮肤发生炎性浸润，形成结节与水疱，当病羊啃咬或蹭痒时，结节与水疱破溃，流出渗出液，干燥后结成痂皮，被蹭破后创面流出渗出液，局部毛细血管出血，又重新结痂。随着病情发展，局部毛囊与汗腺受损，皮肤角质层过度角化，皮肤增厚，患部脱毛。

【诊断】　选择有明显临床症状的病羊，分开被毛，刮取新病灶区的健康皮肤与患部交界处的病料，置于50mL烧杯或试管内，加5～10倍10%氢氧化钠溶液，煮沸3～5min，冷却后用橡皮滴管吸取，滴1～2滴于载玻片上，加盖玻片镜检。绵羊痒螨呈椭圆形，口器为长圆锥形，螯肢细长，两趾有三角状的齿，背面有皱纹，足四对，伸出体外，雌虫在第1、2、4对足末端的附节长柄上有喇叭形吸盘，第3对足无吸盘，而是两根特长的刚毛；雄虫稍小，第1、2、3对足有吸盘，第3对足很长，第4对足很短，无吸盘和刚毛；卵呈椭圆形，卵内含有不均匀的卵胚。

【治则】　杀虫止痒，对症治疗。

【方药】

（1）烟草硫黄液。烟草300～500g，加水1500～2500mL，煎煮浓缩至1000～2000mL，滤去烟渣，待温，将研末的硫黄60～100g加入调匀即可。使用时，先将患部及周围剪毛，除去污垢和痂皮，再用2%温皂水刷洗干净，擦干后涂药（用时搅匀），隔5～7天再涂药1次。共治疗75例，均获痊愈。

（2）狼毒、豆油各500g，白胡椒50g，硫黄100g。将豆油煮沸后加入狼毒、白胡椒、硫黄末，待冷备用。用皂角水洗净病羊患部，然后将药涂擦患处，用药2次即愈，7天脱痂，12天长出新毛。结痂严重、顽固不愈者加水银15g，巴豆100g。疥癣面积较大或全身疥癣者，应分片分次用药，以免中毒。涂药后的羊应单独拴系，防止舔食或群羊相互舔食而中毒。用药后，羊多拴系于阳光下行阳光浴，以增强治疗效果。共治疗数百例，效果颇佳。（张会军，

T82，P21）

（3）生川乌 200g，陈醋适量。先将生川乌研成极细粉末，再过筛重研 1 次，然后加入陈醋调成较稀的糊状，装入消毒过的有色玻璃瓶内，密封备用。第 1 次用药前，先将病羊患部用温开水冲洗干净，刮去患部痂皮至局部发红微出血为好，然后涂上药糊，每天 2 次，直至痊愈。用药 10 次症状未减轻者为无效，可改行其他方法治疗。（陈升文等，T51，P31）

（4）花椒 8g，儿茶 6g，雄黄、明矾各 4g，冰片 3g（为 1 只羊的药量）。混合，加水煮沸 25min，取汁，待温擦洗患处；有结节者用刷子浸药液轻轻洗刷。病羊数量多则行药浴治疗，时间不少于 15min/只，连续洗刷 2～3 天。取伊维菌素（荷兰产）0.5～2.0mL/只，分点皮下注射，隔 5～7 天再注射 1 次。重症者注射 3～4 次即可长出新毛。共治疗 384 例，痊愈 381 例，治愈率为 99％。

（5）疥癣灵。白鲜皮、苦参、川楝子、百部、斑蝥各 10g。焙干、研细，棉籽油 500mL，加热熬至发黑，蘸取少许滴入水中能成珠（不散开）。将药油混合装瓶。用时直接涂抹病羊患处，每天 1 次，连用 3 次。痂皮厚者，刮净痂皮再涂药，效果更好。共治疗 120 例，均痊愈。（田均盈等，T24，P4）

（6）烟石硫合剂。烟叶 1 份，生石灰 2 份，硫黄 3 份，水 20 份。混合，置入铁桶或大铁锅中煎煮呈深棕色，以竹筛加纱布过滤，除去粗渣，所得滤液为原液，使用时按 1 份原液加 20 份温水配制。

洗浴：应在剪羊毛后 1 个月内洗浴。因为随着剪毛后羊毛逐渐生长，羊毛密度也相应增高，药浴时要随时加入消耗的药量，羊毛愈长，药液不易广泛、充分接触皮肤，药浴效果降低。因此，剪毛后及时药浴是防治羊螨病的重要环节。每年药浴 3～4 次，即春季剪毛后 2 次，秋末入冬前 1～2 次。药浴宜于晴天上午进行。药浴前应让羊充分饮水，药浴后应暴晒于强烈阳光下，在近地放牧、观

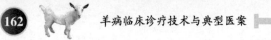

察 1~2h，发现中毒羊应及时抢救。不论是病羊还是健康羊，应将全身各部彻底药浴。妊娠母羊或患有其他疾病的羊，洗浴时要进行人工辅助，轻放轻洗。洗浴容器可因地制宜，选用大木盆、大木桶、大铁锅、塑料浴盆，最小的容器也应能容纳下 1 只成年羊。当药液减少 1/3 时，应及时向浴器内添加与损耗等量的药液，以保证药液相应浓度和药量。药液温度应保持在 20~30℃。每次药浴15~20 只羊后应更换新鲜药液。本药液具有一定腐蚀性，应现配现用，尽可能不使用金属容器；药浴人员宜戴橡皮手套操作，若药液溅入眼内，立即用清水冲洗。

（7）灭虫丁，0.1g/kg，灌服。1 次未治愈者 7 天后重复用药 1次。共治疗 318 例，效果显著。（王喜智等，T65，P42）

（8）烟叶 115kg，加水 50kg，文火煎煮 1h，取汁，冷却至35~40℃，将干净毛巾浸入烟叶汁，涂擦患部，并喷洒圈舍墙壁和用具；按 0.3mg/kg 剂量空腹灌服阿维菌素。间隔 7 天再联合用药1 次（治疗时最好选择晴朗天气）。第 1 次给药后 12~48h 内瘙痒加剧，之后瘙痒症状逐渐减轻。2 周后病灶开始好转，1 个月后临床症状消失。（梁玉玲等，T133，P56）

（9）温肥皂水浸软患处，再用竹片刮去痂皮直至轻微出血，然后用清水冲洗，均匀涂布烟草浸剂及 10％碘酊。硫黄、苦参、百部、川楝子各 10g，加水 400mL，煎煮至 200mL，灌服，每天 1次，连服 3 天；伊维菌素或阿维菌素 0.2mg/kg，颈部皮下注射，连用 3 天，隔 5~7 天再注射 1 次。将 20％林丹乳油用 30~37℃温水配成 0.05％~0.1％溶液，将羊头浸入药液 1~2 次。药浴前让羊充分休息，饮足水，避免误饮浴液中毒。药浴后要注意保暖。隔7~8 天后如有必要可进行第 2 次药浴。

（10）用药前先用温肥皂水刷洗患部，将其周围的被毛剪掉，除去痂皮和污物，再用清水洗去肥皂液，用足光粉（水杨酸 10g，苦参 30g，配成散剂）20g，加沸水 1000~2000mL，搅拌溶解，待水温降至 30~45℃后，涂擦患部或进行药浴，隔 3 天后再用同法

治疗 1 次。共治疗 48 例，全部治愈。（曹树和，T121，P31）

【防制】　严格检疫制度，对新购进的羊隔离观察，确定无疥癣病后方可合群饲养。保持圈舍环境干燥卫生，通风良好；按时清扫粪便并堆积发酵；对环境与用具等严格消毒；及时发现、迅速隔离并及时治疗病羊；每年定期对羊群进行药浴杀螨。

【典型医案】

（1）1983 年 2 月 6 日，松桃县普觉区半坡乡养羊户周某的 8 只本地白山羊患病来诊。主诉：羊患疥癣已 4 个多月，病情较重，疥癣已遍及全身，被毛全部脱落，消瘦。治疗：取方药（1），用法相同。用药 6 天，患部已明显好转。又用同法治疗 1 次，痊愈。半月后，患部长出新毛。（杨正文，T14，P61）

（2）2002 年 4 月 10 日，岷县科牧良种繁育场的 1 只 3 岁纯种莎能奶山羊患病就诊。主诉：该羊发病已 1 月余，病初全身瘙痒，在墙角、柱栏等处擦蹭，随后背部、腹部、颈部、耳部的皮肤出现大小不等的被毛脱落，其他医生用敌百虫水溶液治疗 3 次，因出现行走不稳、口吐白沫等中毒症状而停止治疗。检查：病羊颈部、背部、耳根部、腹部皮肤有 6 处大小不等、直径 5～15cm 的被毛脱落斑，皮肤增厚，体弱消瘦，精神不振。经对患病皮肤与健康皮肤交界处的皮屑进行实验室检查，诊为疥螨病。治疗：花椒 24g，儿茶 18g，雄黄、明矾各 12g，冰片 9g。水煎取汁，候温，擦洗患处，每天 1 次，连用 3 天；伊维菌素 2mL，分点皮下注射，间隔 5 天再注射 1 次。5 月 1 日，病羊精神好转，食欲增加，患部皮肤长出新毛。10 余天后随访，该羊痊愈。（梅绚，T122，P43）

（3）1989 年 5 月，威宁县大街区雪山镇某羊场的 1811 只绵羊，用烟石硫合剂［见方药（6）］洗浴，3 天后观察无异常反应，大部分病羊瘙痒消失，采食正常；洗浴后 50 余天，羊体况转好，被毛变白，皮肤柔软，病灶脱毛处长出新毛，瘙痒消失。（吴昌桂，T40，P27）

（4）2004 年，呼玛县农机局羊场的 100 只绒山羊，因掉毛、

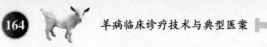

消瘦、不安邀诊。检查：轻者，病羊鼻镜、眼眶等处出现病变，重者颈部被毛脱落，甚者脱毛处皮肤增厚，形成皱褶。治疗：伊维菌素 0.2mg/kg，颈部皮下注射，每天 1 次，连用 3 天；硫黄、苦参、百部、川楝子各 10g（为 1 只羊的药量），加水 400mL，煎煮至 200mL，取汁，候温灌服，每天 1 次，连服 3 天。用药后，病羊症状减轻。效不更方，隔 5 天后继续治疗 3 天，同时加强营养。5 月中旬，全群羊药浴 1 次，羊群状态良好。（王忠仁，T139，P59）

第六章
中毒病

酸中毒

本病是指瘤胃酸中毒，是羊采食过量富含碳水化合物的谷物饲料，在瘤胃内迅速发酵，产生大量酸性物质，引起以厌食、瘤胃内容物积滞、瘤胃液 pH 值降低为特征的一种病症。

【病因】 多因母羊产后补充过多精料如大麦、小麦、玉米、甘薯产品和副产品如酒渣、啤酒渣、豆腐渣、玉米粥等，长期饲喂酸度过高的青贮饲料，或偷食过多精料和霉变饲料，尤其是发酵的白面团，食后常在数小时出现急性瘤胃酸中毒而死亡。

【辨证施治】 临床上分为最急性、急性和慢性瘤胃酸中毒。

（1）最急性瘤胃酸中毒。一般在羊食后 2h 左右发病。病初羊惊恐不安，流涎，肚胀，磨牙，气喘，后肢踢腹，时而兴奋，时而抑制，最后陷于昏迷状态而死亡。病程一般不超过 5h。

（2）急性瘤胃酸中毒。一般在羊食后 4h 左右发病。病羊精神沉郁，饮食、反刍停止，瘤胃胀满，卧地不起，呼吸、心跳加快，反应迟钝，口腔酸臭、流涎，可视黏膜发绀，眼窝深陷，粪呈糊状、气味酸臭，少尿或无尿，产奶量急剧下降。

（3）慢性瘤胃酸中毒。一般在羊食后第 2 天出现饮食、反刍减退、呆立或喜卧，粪呈糊状、气味酸臭，触诊瘤胃柔软、有波动感，听诊瘤胃蠕动音减弱、消失或蠕动波不全，舌苔白腻，口津滑利。病程一般在 7 天左右。

【诊断鉴别】　本病应与前胃弛缓和消化不良进行鉴别。本病病程短，发病急，口腔气味酸臭，且血液、尿液及瘤胃液 pH 值均明显下降；前胃弛缓和消化不良发病慢，病程长，临床症状较轻，血液、尿液及瘤胃液 pH 值均无明显变化。

【治则】　消食健胃，中和胃酸。

【方药】

（1）加味平胃散。苍术 80g，白术、焦山楂各 50g，陈皮、炒神曲各 60g，厚朴、薏苡仁、炒麦芽各 40g，炮干姜、甘草各 30g，大黄苏打片 200 片。共研细末，1.0g/kg，用温水调成稀粥状，灌服，每天 1 次，连用 2～3 天。病情严重者，配合抗酸、补液、强心疗法，取糖盐水注射液 500～1000mL，5% 碳酸氢钠注射液 200～500mL，10% 安钠咖注射液 5～10mL，静脉注射，每天 1 次，连用 2～3 天。共治疗 94 例（其中绵羊 28 例，山羊 17 例），治愈 89 例，有效率为 94.7%。

（2）平胃散（苍术 60g，厚朴、陈皮各 45g，甘草、生姜各 20g，大枣 90g）30～40g，小苏打粉 50～80g。开水冲调，候温灌服，每天 2 次。注意加水应充足，药液浓度应不高于 5%。严重者配合静脉输液效果更好。（李兴如等，T141，P22）

（3）平胃散（苍术 60g，厚朴、陈皮各 30g，甘草 20g），病情轻度者取 20～50g，碳酸氢钠粉 15～30g，姜酊 15～30mL，加水适量，灌服。病情中度者取 20～50g，合增液汤（玄参、麦冬各 30g，生地黄 80g），水煎取汁，加碳酸氢钠 100g，候温灌服，并配合静脉输液治疗。病情较重者，在洗胃的基础上，取平胃散合增液汤，水煎取汁，候温灌服，并配合静脉注射葡萄糖盐水和碳酸氢钠注射液。共治疗 303 例，治愈率 95.8%。

【防制】　加强饲养管理，适量喂饲优质干草；青贮饲料酸度过高时要经过碱处理后再饲喂；对急需补饲精料的羊，要在日料中按精料总量添加适量的碳酸氢钠。防止羊偷食精料。

【典型医案】

（1）2002 年 8 月 16 日，新乡市古固寨乡贾屯村李某 1 只体重 50kg 的绵羊，因产了双羔，畜主给母羊喂玉米面粥 1 盆，下午又喂了 1 盆。第 2 天，该羊因饮、食欲废绝就诊。检查：病羊口流清涎，瘤胃稍臌胀，触诊瘤胃柔软、有波动，听诊瘤胃蠕动音消失，精神沉郁，呆立不动，粪呈稀糊状、气味酸臭，口色青白，口津滑利。诊为瘤胃酸中毒。治疗：加味平胃散 50g，开水冲调，候温灌服；糖盐水注射液 500mL，5％碳酸氢钠注射液 200mL，10％樟脑磺酸钠 5mL，静脉注射。第 2 天，病羊精神好转，听诊瘤胃有蠕动音，但蠕动波不全，仍无食欲，不反刍。用药同前。第 3 天，病羊开始反刍，吃少量干草，能自由行走。按前方药又治疗 1 次，痊愈。（王建国，T131，P38）

（2）1989 年 5 月 1 日上午，临沂市刘庄村刘某的 1 只 2 岁、体重约 30kg 奶山羊，因喂饲玉米面和地瓜干面过多而患病就诊。检查：病羊精神委顿，肚腹胀满，泄泻，食欲、反刍废绝，体温 39.6℃，呼吸 42 次/min，心跳 90 次/min，瘤胃蠕动音弱，瘤胃液 pH 值 5.2，舌苔白。治疗：苍术 30g，厚朴、陈皮各 15g，甘草 10g。水煎取汁，加碳酸氢钠 50g、姜酊 40mL，1 次灌服，痊愈。（谷振德等，T60，P34）

食盐中毒

食盐中毒是指羊因采食过多食盐或含盐日粮，引起以腹痛、腹泻、胃肠黏膜发炎、反刍缓慢或停止、神经功能异常兴奋或麻痹等为特征的一种病症。

【病因】　日粮中喂给羊腌制品或乳酪加工后的废水、残渣或酱渣过多；长期缺盐或盐饥饿的羊饲料中突然添加食盐或饮盐水；饮水不足、维生素 E 和含硫氨基酸缺乏，使羊对食盐的敏感性升高，过多采食含盐日粮而引起中毒。

【主症】 病羊食欲减退至废绝，反刍减弱或停止，头低耳耷、尿少，磨牙，口渴喜饮，空口咀嚼，可视黏膜充血，反应迟钝，起卧不安，常用后肢踢腹部，表现出腹痛症状，有的羊无目的地乱走乱撞，遇到墙壁、栅栏等障碍物不躲避，头抵障碍物后长时间不动，严重者流涎，口吐白沫，呼吸迫促，瞳孔散大，心音衰弱、节律不齐，步态蹒跚，全身肌肉痉挛、身体震颤，头向一侧扭动，做转圈运动，似癫痫样症状，胃蠕动音低沉，肠蠕动音亢进，粪稀软、呈黑色，粪中含有血液和黏液，体温 38.0～39.5℃，呼吸 26～40 次/min，脉搏 80～100 次/min。严重者躺倒在地，头颈后仰，四肢不停地做游泳样划动，神志不清，甚者昏迷。

【病理变化】 胃肠黏膜肿胀、充血、出血甚至成片脱落，脱落部位溃疡，肠内容物呈黑褐色粥样；皮下、骨骼肌水肿；心包积液，心肌松软、有小出血点；肺水肿、瘀血；肝呈土黄色、质脆、边缘钝圆，胆囊充盈；肾肿大、充血、包膜紧张；膀胱黏膜充血发红；脑部充血、水肿，脑膜上有出血斑点；肠系膜、肺门、咽喉和肩前等淋巴结肿大，切面湿润。

【诊断】 将病死羊胃肠内容物连同黏膜取出，加多量水使食盐浸出后滤过，将滤液蒸发至干，出现强碱味的残渣，其中有立方形的食盐结晶，取结晶放入硝酸银溶液中可出现白色沉淀，取残渣或结晶在火焰中燃烧时可见鲜黄色钠盐火焰。

【治则】 生津止渴，缓泻养胃。

【方药】 立即停喂含盐的饮水和饲料，少量多次给予清洁饮水（切不可一次性大量给予，以免造成水中毒）；灌服食用油，50～80mL/只（灌前将食用油煮沸后晾凉）；健康肥壮的羊剪破耳尖放血。中药取绿豆、茶叶、荷叶各 300g，车前草、鲜芦根、甘草各 200g，葛根、天花粉各 150g。加水煎煮至 4000mL，加白糖 600g，混匀，180～220mL/只，分早、晚灌服，连服 2 天。西药取 50% 葡萄糖注射液 50～80mL，10% 葡萄糖酸钙注射液 10～20mL，甘露醇注射液60～100mL，维生素B₁ 50～100mg，维生素注射液2～4mL，颈静脉缓慢注射；速尿注射液2～4mL，10％安钠咖注射液4～8mL，分别肌内注射。以上用药每天2次，连续2～4次。消化功能紊乱的病羊，待中毒症状缓解后，灌服酵母片、乳酶生等助消化药；躺卧不起而神志清醒的重症羊常翻动身体，起立困难者人工扶助，近处放牧，不能跟群的羊喂给优质青草。

【防制】　在日粮中经常加喂适量食盐，并充分混匀，以防止"盐饥饿"；保证充足饮水；用高渗盐水静脉注射时应掌握好用量，以防发生中毒；在利用含盐量高的泔水、残渣时，要严格控制用量；妥善保管饲料用盐，防治羊群偷食。

【典型医案】　2009年6月16日，邵武市养羊户吴某的24只山羊突然患病邀诊。主诉：早晨发现羊舍2kg食盐被羊抢食一空，地面上散落有包装袋和部分盐粒，已死亡3只，其余21只羊精神不振。根据发病情况、临床症状、病理变化、实验室检查，诊为山羊食盐中毒。治疗：取上方中、西药，用法相同。连续用药2天，除2只病重羊淘汰、1只羊抢救无效死亡外，其余18只羊精神、食欲逐渐好转，5天后回访已痊愈。（杜劲松，T171，P58）

尿素中毒

尿素中毒是指羊误食含氮类化肥（尿素、硝酸铵、硫酸铵）、添加剂或饮入过多人尿等引起中毒的一种病症。

【病因】　由于过量添加尿素，拌料不均匀，或突然饲喂并立即饮水，或羊误食或偷食含氮化学肥料等均可引起中毒。

羊瘤胃内的微生物可将尿素或其铵盐中的非蛋白氮转化为蛋白质，临床上常利用尿素或铵盐加入日粮中以补充羊体所需的蛋白质。尿素等含氮物在羊瘤胃内分解产生大量氨，氨通过瘤胃壁吸收进入血液即出现中毒症状，其严重程度与血液中氨的浓度密切相关。

【主症】　轻度中毒羊磨牙，流涎，食欲减退；重度中毒羊瘤胃臌气、回头顾腹、踢腹、流涎、反刍和嗳气停止、肌肉震颤、呼吸困难、气喘等。

【病理变化】 胃肠黏膜充血、出血、糜烂，甚者有溃疡形成，胃肠内容物呈白色或红褐色、有氨味，瘤胃内容物干燥，与正常瘤胃液体过多呈鲜明对比；心外膜有小点状出血；肾脏发炎、出血；其他脏器严重出血。

【诊断】 依据采食尿素等病史及临床症状可做出诊断。确诊需要测定病羊血氨浓度。一般情况下，当血氨浓度为 8~13mg/L 时即出现临床症状；血氨浓度达到 20mg/L 时即出现共济失调；血氨浓度达 50mg/L 时即出现死亡。

【治则】 中和毒素，保护心、肝、肾脏和中枢神经系统。

【方药】 轻度中毒，取仙人掌 250~300g，去皮刺捣烂，加温水适量，混匀灌服；再灌服用常水稀释的食醋 1000mL。重度中毒，除上述药物适当加大剂量外，取葡萄糖酸钙、维生素 C、安钠咖注射液等，静脉注射。共治疗 14 例，治愈 13 例。 （张发祥，T136，P57）

【防制】 防止羊偷食或误食尿素；补饲时将尿素与饲料充分混匀，补饲量不宜超过饲料总量的 1%；勿将尿素混于饮水中饮服，补饲尿素后 1h 内不能饮水；开始饲喂尿素时应少量，于 10~15 天达到标准量；如果饲喂过程中断，再次补喂尿素时仍应使羊有一个逐渐适应的过程。

蛇毒中毒

蛇毒中毒是指羊被毒蛇咬伤，蛇毒通过伤口进入羊体内而引起中毒的一种病症。

【病因】 在气候温和季节，灌木、杂草丛生处各种毒蛇栖息较多，昼夜都有活动，尤以黄昏羊牧归时活动更加频繁，常被蛇咬伤。多伤于羊的腹部及四肢，常于放牧中掉群或归牧后才被发现。

【主症】 病羊局部肿胀、发硬、剧痛、灼热、有齿痕、全身战栗、虚脱、流涎、跛行等。伤于舌尖、鼻端及头面部者发病较急，羊突然摇头、不安、拒食、全身战栗、呼吸困难等，常因来不及治疗而死亡。

【治则】 防止毒素吸收，促进排液排除，对症治疗。

【方药】 黄烟草的叶（或带有茎及烟籽），30～50g（干品，鲜者视其含水量，酌情增加用量），水煎取汁，候温灌服（留适量药液外洗伤口），每天1剂，连用1～2剂，严重者3～5剂。在咬伤部位用三棱针挑破，检查并取出毒牙，用烟草汤冲洗。严重者配合静脉补液、强心。头部、鼻端受伤的急性病例，牧工常将随身带的干烟草强行喂服（若内服烟草汤的剂量过大，则会出现口吐白沫、全身发抖等症状，但数小时后可自行好转），再结合局部简易处理，亦可缓解症状。共治疗85例，治愈77例，治愈率为90.59%。

【防制】 及时清理饲养场及圈舍周围的杂草、乱石等，防止毒蛇藏身；尽量避免到有蛇出没的地点放牧，或者避开毒蛇活动的时间段放牧。

【典型医案】 1990年5月16日，吉县明珠乡王家河村刘某的1只成年绵羊，牧归后发现右后肢系部肿胀就诊。检查：患部有蛇齿痕。诊为蛇毒中毒。治疗：干黄烟叶30g，加常水1000mL，文火煎20min，取汁，2/3药液灌服，余药冲洗伤口。次日，病羊能跟群放牧。18日，病羊伤口结痂，痊愈。（梁圣杰等，T52，P26）

闹羊花中毒

闹羊花中毒是指羊采食过量闹羊花茎叶而引起中毒的一种病症。多发生于春季枯草季节。

【病因】 放牧时羊误食闹羊花茎、叶、花，尤其在清明节前后，青草缺乏，食入混入闹羊花的饲草而引起中毒。

【主症】 羊误食闹羊花经4～5h发病，口流大量带泡沫的唾液，磨牙，有时吐几口食糜，精神萎靡，鼻镜干燥，食欲、反刍减退或废绝，瘤胃蠕动减少，腹痛不安，粪稀薄、带有黏液和血液；行走摇摆不稳、呈酒醉状，不断呻吟和惊叫，心跳急速、节律不齐，呼吸加快，全身肌肉发生间歇性痉挛，最后瞳孔散大，卧地不起，体温下降，昏迷甚至死亡。

【治则】 排毒解毒，强心护肝。

【方药】

（1）梨树叶 500g，捣成细末，加黄泥水（为深层黄泥拌水沉淀后的上部清水，不是下部的泥浆）500～1000mL，灌服。

（2）鲜马尾松针 500g，捣成细末，加水，过滤取汁，灌服。

（3）凤尾草 500g，捣成细末，加少量食盐，灌服。

（4）兆蒜（蒜之一种）250g，捣成细末，加黄泥水，灌服。

（5）鸡蛋 5 枚，韭菜 100g，拌料喂服。

（6）茶叶 100g，金银花 250g，水煎取浓汁，灌服。

（7）绿豆 500g，加水磨成浆，灌服。

（8）绿豆、葛根、金银花各 250g，甘草 50g。先将绿豆加水制成浆，冲调各药，灌服。

（9）金银花、甘草各 250g，水煎取汁，候温灌服。

（10）鲜松针 3kg，捣成细末，加清水 6kg，煮沸 20min，取汁；大米 2kg，加水约 8kg，烧开后文火煎煮 20min，去米留汁。混合，候温灌服（现制现用），2～5kg/次，一般 1 次即愈，重症者可间隔 10h 再服 1 次。共治疗 14 例，全部治愈。

【防制】 严禁在长有闹羊花的草地或丛林附近放牧。

【典型医案】 1994 年 4 月 17 日，仙居县郑桥乡土羊乔村王某的 12 只土山羊，因放牧时有 5 只羊采食了闹羊花，其中 2 只羊中毒特别严重就诊。检查：病羊卧地不起，腹痛不安，不时舔舌，瞳孔散大，四肢冰冷，昏迷。治疗：取方药（10），用法相同；10% 安钠咖，4mg/只，肌内注射。用药 2h，病羊由人工扶起能缓慢行走，但步态不稳。10h 后继续用药 1 次，全部治愈。（吴寿连等，T82，P29）

蓖麻叶中毒

蓖麻叶中毒是指羊过量采食蓖麻叶，引起以剧烈腹痛和出血性肠炎为特征的一种病症。

【病因】　每年霜降后，由于青绿饲草少，蓖麻叶及残花最易被羊误食而引起中毒（蓖麻子致死量绵羊为 30g，山羊为 105～140g，即蓖麻素含量达 0.8～0.9g 即可中毒致死）。

【主症】　一般多于采食后 15min 至 4h 发病。病羊突然倒地，四肢发抖，饮食欲废绝，结膜苍白，惊叫，腹痛，腹泻，粪逐渐由稀糊样变为水样，心力衰弱，搐搦，体温下降至 37℃ 以下。严重者昏睡不起。

【病理变化】　结膜苍白，血凝不良；支气管有泡沫阻塞，肺充血；心包液增加，心肌变软，心内外膜有出血点或出血斑；肝充血或肿胀；肾充血或贫血；膀胱积尿；胃底部和小肠有针尖大的弥漫性出血点；脑充血、出血。

【治则】　排毒解毒，涩肠止泻。

【方药】　鲜熟柿子，2 个/只，喂服，2h 左右即可见到效果。病轻者 1 次，病重者 2～3 次。对心脏极度衰弱者应结合注射尼可刹米等强心剂。共治疗 60 多例，均获良效。

【防制】　严禁在蓖麻种植区域放牧羊。用蓖麻叶或蓖麻饼做饲料时须先经过蒸煮，并严格控制饲喂量，由少到多逐渐增加。

【典型医案】　1982 年 11 月 3 日，芮城县养羊户樊某放牧的绵羊误入蓖麻地，采食后 0.5～4h，有 21 只陆续出现中毒症状，有的突然倒地，有的呼吸困难，有的排血粪，精神不振，四肢震颤，结膜苍白，食欲废绝，反刍停止。治疗：取上方药，用法相同。服药 2h，病羊病情好转。再服药 1 次，基本痊愈，无 1 例死亡。（关治祥等，T57，P29）

棘豆中毒

棘豆中毒是指羊因采食了某些棘豆属或黄芪属植物，引起以消

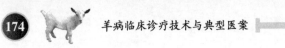

瘦、神经症状为特征的一种病症，又称疯草病。多见于每年秋末至春初牧草不足季节。

【病因】　由于草场管理不当、放牧压力大、草场植被遭破坏等因素，为疯草的生长蔓延创造了条件，羊误食疯草而中毒。某些棘豆属植物含有苦马豆素、臭豆碱等有毒物质，引发羊体代谢功能异常与器官功能障碍。

【主症】　一般呈慢性经过。最初，病羊精神沉郁，摇头，目光呆滞，反应迟钝，行走慢且头高昂，食欲下降。随着病情发展，病羊行走时后肢无力，后躯摇摆，离群，呈渐进性消瘦，最终后躯完全无力，有的呈犬坐姿势或卧地不起，不能采食、饮水，极度消瘦，因衰竭而死亡。一般体温、呼吸、心律变化不大。母羊发情延迟或不发情或屡配不孕，致使受胎率下降，妊娠母羊因体质虚弱而发生流产。大多数羊从出现症状到死亡一般为 30～60 天（快的为 20～30 天，慢的超过 90 天或更长）。大部分病羊对刺激反应强烈。

【病理变化】　皮下、肠系膜及大网膜等部位几乎未见脂肪沉积；肝脏呈轻度土黄色，多数肝细胞发生颗粒变性，有些肝细胞核浓缩，少数肝细胞破裂，胞浆流失；心肌质软，心肌纤维着色不均，横纹消失，肌纤维颗粒变性；淋巴结轻度肿大、质软，切面多汁，生发中心不明显，有较多的炎性细胞浸润，淋巴细胞数量减少；胸、腹腔内有多量淡黄色液体；肾小管上皮细胞发生严重的颗粒变性，部分细胞空泡变性，有的细胞破裂，与基底膜脱离；胰脏腺泡细胞内有多量呈网状的大小不等的空泡；大脑血管扩张充血，神经细胞严重变性、坏死，有的神经细胞核溶解、消失，呈空泡状，有些神经细胞核浓缩而悬浮于空泡中央；小脑浦肯野细胞严重空泡变性，胞浆溶解，严重者整个细胞呈空泡状或胞浆呈网状；卵巢黄体细胞普遍肿大，呈颗粒变性和空泡变性，胞浆内有红染的细小颗粒，发育的卵泡及处在不同发育期的卵泡较少。脾脏、肺脏及脊髓未见异常。

【治则】　排出毒素，强心护肝，对症治疗。

【方药】　绿豆银花解毒汤。绿豆 100g，金银花、甘草、明矾各 20g。共研末，加食盐 30g，食醋 200mL（为 2 只成年绒山羊的药量），加水适量，灌服，每天 1 剂，连服 2～3 剂。共治疗 62 例，治愈 61 例。

【防制】　杜绝羊群在疯草生长旺盛的季节与地区放牧；人工采挖或合理使用除草剂杀灭疯草，消除毒物来源；采用常规化学或生物去毒法对疯草进行科学脱毒，合理利用疯草；加强草场管理与牧草改良，科学轮牧，保持良好的生态环境。

【典型医案】　2002 年 7 月，门源县浩门镇南关村马某从内蒙古运来 100 只绒山羊，由于路途劳累、饥饿，加之对醉马草的识别能力差，其中 62 只羊误食醉马草先后中毒邀诊。检查：病羊心跳加快，呼吸迫促，流涎，腹胀，鼻流少量的血液，行走摇晃，兴奋、沉郁交替出现，反刍停止，食欲废绝。治疗：取上方药，用法相同，每天 1 剂，连服 2 剂，病羊食欲增加，痊愈。　（李德鑫，T132，P60）

棉籽饼中毒

棉籽饼中毒是指羊长期少量或短期大量食入棉籽饼，引起急性和慢性中毒的一种病症。母羊发生慢性中毒可经母乳使吮乳羔羊发生中毒。

【病因】　长期大量用棉籽饼、皮、仁喂羊，或羊偷食棉油而引起中毒（棉籽饼含棉籽毒，通常称作棉酚，是一种细胞毒和神经毒，对胃肠黏膜有很大的刺激性。腐烂、发霉的棉籽饼毒性更大）。

【主症】　经氢氧化钠处理的棉籽油引起的中毒，病羊先连续水泻，再转为灰白色泥状粪、无光泽，后期泻粪中带肠黏膜；血尿，反刍停止，食欲废绝，磨牙，口鼻凉，鼻流清亮透明的鼻液，口色先淡白色，后期转为红色，舌有白苔；鼻镜干燥、结痂；有眼眵，视力减退；体温、呼吸无明显变化；瘤胃蠕动次数减少，蠕动音偏低，胃管投药易引起呕逆。

经碳酸钠粉处理的棉籽油或未经处理的棉籽油引起的中毒，病羊先腹泻，后便秘；瘤胃可触摸到硬块，易继发百叶干，拒食，反刍停止；口鼻吊挂大量透明黏液，口色无明显变化；鼻镜干燥、龟裂；体温、呼吸、心跳、瘤胃蠕动均无明显变化。胃管投药易引起逆呕。

【病理变化】　肝脏变大，外表及切面均呈黄色；脾脏缩小，表面粗糙；早期死亡羊的四个胃及肠道均呈棕色，如开水烫过一样，黏膜一触即掉；晚期死亡羊的四个胃及肠道呈黑色。

【治则】　消除病因，排毒解毒，对症治疗。

【方药】　早期用40℃左右的温水反复洗胃，越早越好；立即取加味平胃散（陈皮、半夏、干姜、厚朴、藿香、云茯苓、草果、甘草），1剂，灌服；防止逆呕引起异物性肺炎；纠正因洗胃使用大量凉水所引起的胃寒（洗胃时因需大量40℃的温水，往往在条件不足的情况下水温都偏低）。

中期以清热败毒、疏肝利胆为治则，连服加减白头翁散（白头翁、黄连、黄柏、黄芩、柴胡、茵陈、木香、木通、滑石、罂粟壳、玉片）。如果是氢氧化钠处理的棉籽油引起的中毒，应服药至粪不再是灰白色为止，同时肌内注射氯霉素，有脱水症状者应及时补液。

恢复期，病羊反刍减少，食欲减退，或只有反刍而无食欲，取：健脾理气散（神曲、麦芽、山楂、白术、茯苓、木香、玉片、甘草），灌服；病程长、体质虚弱者加党参、黄芪、当归、白芍；红糖200g，曲酒150g，神曲100g，灌服。

恢复期用药与中期用药可交互使用。

【防制】　用棉籽饼做饲料时应热炒或加入面粉煮沸1h以上，或者加水发酵，以降低其毒性，饲喂量不宜超过饲料总量的20%，且饲喂几周后应停喂1周，然后再喂。铁能与游离棉酚形成复合体，使其丧失活性，故饲喂时可同时补充硫酸亚铁。严禁使用腐烂发霉的棉籽饼和棉叶做饲料。勿对妊娠期和哺乳期的母羊以及种公羊饲喂棉籽饼和棉叶。（杨静华，T38，P56）

有机氟化物中毒

有机氟化物中毒是指羊因误食或误饮有机氟化物处理或污染的植物、种子、饲料、药饵和饮水所引起的一种病症。有机氟化物是一类药效高、残留期较长、使用方便的剧毒农药，主要有氟乙酰胺、氟乙酸钠等。

【病因】 羊常因误食有机氟化物农药喷洒过的麦苗，污染的饲草、饮水或药饵而导致急性中毒死亡；喂食长期施用过氟乙酰胺的饲料则发生慢性中毒。

【主症】 急性者突然倒地并剧烈抽搐、惊厥或角弓反张，肌肉震颤，瞳孔散大，敏感，迅速死亡。慢性者于中毒12h后发病，精神沉郁，呼吸迫促，反刍停止，肩、肘、唇部肌肉颤动，或起卧不安，磨牙，呻吟，步态蹒跚，阵发性痉挛，神经性兴奋，心律失常。一般病程持续2~3天。

【病理变化】 心肌变性，心内膜有出血斑；脑软膜充血、出血；肝、肾脏瘀血、肿大；胃肠有卡他性炎症。

【诊断】 依据接触有机氟农药的病史和羊神经兴奋、心律失常等特征性临床症状即可做出初步诊断。采集可疑饲料或病死羊胃内容物、肝脏与血液进行实验室检查。

【治则】 解毒排毒，对症治疗。

【方药】 绿豆40g，加水适量，煮沸约10min，候温灌服。共治疗25只，全部治愈。

【防制】 凡施用过氟乙酰胺的农作物，从施药到收割期必须经过2个月以上的残毒排出时间方能用作饲料；严格妥善保管有机氟农药（氟乙酰胺），防止羊舔舐被农药污染的用具等；对中毒羊或疑似中毒羊应及时治疗。

【典型医案】 1997年11月25日晨，环县环城镇红星村敬某的25只绵羊，于24日傍晚误食喷洒了氟乙酰胺的麦苗中毒就诊。治疗：取上方药，用法相同。用药0.5h，病羊病情缓解，1h后痉

愈。（杨雪霖，T96，P35）

有机磷农药中毒

有机磷农药中毒是指羊因误食喷洒有机磷农药的青草、农作物、种子或误饮被有机磷农药污染的水等，引起以副交感神经兴奋为主要特征的一种病症。

【病因】　多因使用有机磷杀虫药物剂量过大或给药方法不当；或羊误食喷洒有机磷农药的牧草、植物、蔬菜等，或误饮被有机磷农药污染的水；或误用被有机磷农药沾染的容器供羊群摄食或饮水而中毒。

【主症】　病羊流泡沫状口水，磨牙，不安，肘部肌肉战栗，步态不稳，结膜苍白，瞳孔略缩小，口色青白、滑利，分泌物有蒜臭味，呼吸音较粗粝，瘤胃蠕动音增强，尿频，粪稀软。

【病理变化】　胃黏膜肿胀、充血、出血，黏膜易脱落；肺充血、水肿，气管内有白色泡沫；肝脏、脾脏肿大、有出血点或出血斑；肾脏肿大、混浊，包膜不易剥落。

【治则】　解毒排毒，对症治疗。

【方药】　滑石、甘草各 20g（绵羊 3911 中毒时胃肠痉挛等症状比较严重，应加重甘草用量），灌服；氯磷定 2 支/（次·只），肌内注射。共治疗农药 3911（甲拌磷、西梅脱）中毒绵羊 16 例，疗效满意。

【防制】　严格农药管理、储存与使用，防止羊群误食或误饮；勿在喷洒过有机磷农药的田间、草地、丛林中放牧；使用驱虫药物时严格按照使用方法与剂量进行给药；拌过有机磷农药的种子不得喂羊。

【典型医案】　1982 年 10 月下旬，临洮县下街 8 队一群羊放牧归来，经过一菜地时采食了地里的菜，随后发现 2 只绵羊流涎发抖邀诊。检查：病羊流泡沫状口水，磨牙，不安，肘部肌肉战栗，步态不稳，体温 39.2℃，心跳 86 次/min，呼吸 24 次/min，结膜苍白，瞳孔略显缩小，口色青白、滑利，分泌物有蒜臭味，呼吸音较粗粝，瘤胃蠕动音增强，尿频，粪稀软。诊为 3911 农药中毒。治疗：氯磷定针剂，2 支 [0.25g/(2mL·支)]/只，肌内注射。用药后，病羊安定，口水减少，但经 1h 许症状又如前述，病羊增至 6 只。取氯磷定 2 支/(次·只)，肌内注射；滑石、甘草各 20g，灌服。用药后，病羊诸症减轻，精神好转，翌日痊愈。 （刘永祥，T33，P48）

氢氰酸中毒

氢氰酸中毒是指羊采食了含有氰苷的植物或误食被氰化物污染的饲料或饮水，引起以兴奋不安、流涎、腹痛、气胀、呼吸困难、结膜鲜红为特征的一种病症。

【病因】 羊采食含氰苷的植物如高粱苗、玉米苗、马铃薯幼苗、亚麻叶、木薯及桃、李、杏、枇杷的叶子及核仁等，或误食被氰化物农药污染的饲草，或饮用被氰化物污染的水，均可引发氢氰酸中毒。

【主症】 最急性者在采食后 10～20min 发病。病羊极度不安，惨叫后倒地死亡。急性者精神沉郁，低头呆立，不时磨牙，可视黏膜呈蓝红色，食欲废绝，呼吸困难、呈腹式呼吸，鼻孔流出浆黏性鼻液，心音弱，肺与气管有湿啰音，瘤胃蠕动音低沉，排少量带有肠黏膜的干硬粪球，结膜鲜红，瞳孔散大，多因呼吸中枢和心血管运动中枢麻痹而死亡。

【病理变化】 可视黏膜呈蓝红色，口鼻流鲜红色液体，口腔和鼻腔内有鲜红色泡沫；皮下、肌肉呈鲜红色，血液鲜红、不凝固；瘤胃内气体很多，胃内容物有苦杏仁气味；心内膜有弥漫性紫红色出血斑点；气管和支气管腔中有鲜红色泡沫，黏膜有弥漫性紫红色出血点，其他脏器无明显肉眼病变。

【诊断】 根据羊曾采食含氰化物饲草料及特征性临床症状做出诊断。必要时可对饲料和胃内容物进行实验室检查。

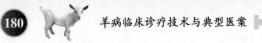

毒物定性检验法：取 1 只病死羊瘤胃内容物 20g，放入 125mL 的三角烧瓶内，向瓶中加常水 20mL，再加 10％酒石酸溶液 4mL，盖上橡皮塞轻轻摇匀。另取直径 10cm 定性滤纸一小块，在其中心部依次滴加 20％硫酸亚铁溶液和 10％氢氧化钠溶液各 1 滴，制成试纸。将三角烧瓶橡皮塞取下，立即在瓶口盖上试纸，然后用酒精灯缓缓加热三角烧瓶底部，到瓶内待检材料煮沸后去掉火源，取下试纸。将试纸浸入 10％盐酸中，立刻见到试纸上出现了许多蓝色斑点，经 5min 后蓝色斑点自行消失。

【治则】　解毒排毒，对症治疗。

【方药】　绿豆，水煎取汁，候温灌服（对轻度中毒者有一定解毒作用，对急性重度中毒者应尽快用特效解毒药，以免贻误抢救时机）。

【防制】　严禁在禾本科植物幼苗或其他含氰苷的植物生长区域放牧羊；高粱苗、玉米苗等用作饲料时，应经水浸泡或经过发酵处理脱毒后，少量、多次饲喂，以免发生中毒；对氰化物农药应严加保存，防止污染饲料和饮水。

【典型医案】　1988 年 3 月 12 日下午 2 时，大连市甘井子区大辛寨武某的 86 只羊，在经过大连有机助剂厂附近时，部分羊喝了该厂排出的污水，约经 20min，当场死亡 6 只，归途中又死亡 11 只，进圈时有 17 只羊发病，又陆续死亡 13 只，总共死亡 30 只，占总羊数的 34.9％。检查：病羊起卧不安，呼吸困难，口吐白沫，全身颤抖，倒地死亡，死亡后口、鼻流出带血泡沫。仅见 1 只病羊体温 39.4℃，脉搏 72 次/min，呼吸 74 次/min，精神沉郁，低头呆立，不时磨牙，可视黏膜呈蓝红色，食欲废绝，呼吸困难、呈腹式呼吸，鼻孔流出浆黏性鼻液，心音弱，肺与气管有湿啰音，瘤胃蠕动音低沉，排少量带有肠黏膜的干硬粪球。根据临床症状、病理变化和实验室检验，诊为氰化物中毒。治疗：12 日晚，自用绿豆 2kg，加常水 10kg，煮熟后取绿豆水约 8500mL，给 17 只病羊灌服，500mL/只，分 2 次服完，连治 3 天，痊愈 4 只，死亡 13 只，未用其他药物治疗。（徐福深等，T33，P45）

临床医案集锦

　　【樱桃中毒】　1998 年 4 月 5 日，天门市黄潭镇杨泗潭村 9 组高某的 1 只山羊，因偷食花园中的樱桃花而中毒就诊。检查：病羊突然发病，疝痛明显，急起急卧，呼吸紧迫，心跳加快，眼结膜发绀，口流黏液、泡沫，腹胀腹泻。根据羊吃樱桃花后发病和临床表现，诊为樱桃花中毒。治疗：白酒 60mL，灌服；食醋 50mL，加水 100mL，灌服。服药 30min，病羊疝痛减轻。次日，病羊诸症消失，痊愈。（杨国亮，T163，P76）

附录

附录 1　阉割术

一、母羊阉割术

本术是摘除母羊卵巢的一种技术。羔羊或淘汰母羊均可施术。以春季为宜。

1. 卵巢构造与解剖部位

母羊的子宫体长约 2cm，子宫角呈羊角状弯曲，长10～12cm，后有约 3cm 长的部分互相结合在一起，位于耻骨前沿下方，由子宫阔韧带悬挂于腰椎的两旁、呈淡白色。卵巢呈椭圆形，大小与菜豆相仿，长约 1.5cm，位于骨盆腔入口处的侧上方，由卵巢系膜悬挂。输卵管直而短，与子宫角没有明显的界线。卵巢囊较薄、呈粉红色。

2. 术前检查和准备

① 了解羊的精神、饮食欲、营养及粪尿排泄等状况，健康者方可施术。

② 羊在发情期间不宜施术，以免在手术中发生大出血。

③ 准备手术刀、缝合针、缝合线、持针器、止血钳及消毒药品等。

3. 保定方法

羊前躯呈侧卧，后躯呈半仰卧，一助手按住头部，另一助手将两后肢向后拉直（附图 1-1）。

附图 1-1　母羊半仰卧保定及术势图

4. 手术部位的确定

在乳房基部前方的正中线上，以乳房基部为起点，向前作 3～5cm 的切口；或在此处中线旁开 3cm 处作切口。

5. 手术

① 术部常规剪毛、消毒。

② 术者左手拇、食指将术前两侧的皮肤撑开，右手持刀，在腹中线上作 3～5cm 切口，用手指尖端分离开肌肉后，用力捣破腹膜。

③ 右手食指伸入腹腔，在耻骨前沿下方摸取子宫角，将其钩出切口，然后将该侧的卵巢牵拉于切口外，用线结扎，摘除卵巢。另侧卵巢按同法摘除。

④ 肌肉和腹膜连续缝合，皮肤作结节缝合。术部消毒。

6. 典型医案

将施术羊取右侧卧，用绳索捆住前肢，1 人（第 1 助手）按住羊角及头、肩部，另 1 人在羊的正后方拉住后肢。用热水擦净术部后剃毛。切口位置在髋结节前下方3～7cm（根据羊的大小和饥饱程度具体定位，一般成年羊应略向前，育成羊略向后；食饱羊向后，空腹羊略向前）。术部常规消毒。术者屈膝于母羊的背侧，左手捏起髋结节前下方皮肤，使术部皮肤紧张，右手将皮肤切 3～5cm 月牙状切口，钝性分离腹机、腹膜，右手食指随破口伸入腹腔（或用食指直接戳破腹肌，手指随之伸入），在髋结节前下方探摸卵巢或子宫角，摸着卵巢或子宫角时，用指尖压住沿腹壁向外钩出，同时顺势导出另一侧卵巢或子宫角，结扎两侧卵巢并摘除（不发红时可不作结扎）。将两侧子宫角纳入腹腔，常规缝合腹膜、腹肌与皮肤，术部消毒即可。

注：羊是反刍动物，过饱或手术过久，瘤胃过度扩张，从而使左肾后移，很容易在手术过程中伤及左肾及瘤胃，同时还因瘤胃过度扩张，影响手术操作。羊的子宫角质脆，在导出子宫时容易拉断，故力度要轻；子宫角较短，故在压迫髋结节腹部皮肤时要用力、压紧些。羊喜欢爬山采食，术后 3～5 天不要放牧，以免影响伤口愈合或引起创口感染。

共去势 50 余例，成功 49 例。（杨景中等，T100，P33）

二、公羊阉割术

本术分无血阉割和手术阉割两种。阉割年龄为 2～4 月龄。以春夏之交季节施术为宜。

1. 保定方法

① 抱法。保定时，助手抱住羔羊，背向保定者，腹向术者，头部向上，臀部向下，两手分别握住同侧的前后肢（附图 1-2）。本法适用于羔羊。

② 倒提法。保定时，助手两手分别握在羊的两后肢跗关节上方，将羊倒提，两腿夹住羊的颈部（附图 1-3）。本法适用于育成羊。

③ 横卧法。保定人员站在羊的左侧，两手绕过羊背部至右侧，分别握住并提举右侧的前后肢，使羊呈左侧横卧姿势，用一条绳索

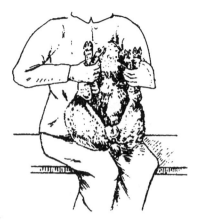

附图 1-2 羔羊抱起保定法

附图 1-3 育成羊倒提保定法

把四肢捆绑在一起（附图 1-4）。本法适用于成年羊。

2. 手术方法

① 橡皮筋扎骟法。将两侧睾丸挤于阴囊底部，用橡皮筋在阴囊颈部的 1/2 处扎紧，结扎后数日，阴囊及睾丸即自行干燥、脱落。所用的橡皮筋及施术部位均应彻底消毒，以防感染。本法适用于羔羊。

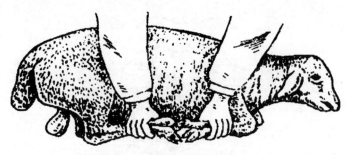

附图 1-4　成年羊横卧保定法

② 夹骟法。将羊站立保定。助手握住两个睾丸并挤于阴囊底部，把一侧精索用拇、食指由阴囊颈部中央挤到一边，术者两手持开张的无血去势钳，把 1 条精索夹住，并再次用力将无血去势钳夹紧，停留 3～5min，去掉钳夹，再用同法钳夹另一侧精索。术后数日睾丸逐渐萎缩。

③ 勾骟法。用倒提保定法将羊提起，术者站在羊的腹面，左手抓住并牵引左侧睾丸，将精索绷紧。右手食指或中指（精索较粗时）于阴囊颈部勾住左侧精索较细处，然后向腹股沟处环前外角的方向猛然一拉即可将精索勾断。依照同法勾断另一侧精索。本法适用于羔羊。

④ 药骟法。选取对睾丸组织具有一定腐蚀性的药物，如碘酊、氯化钙、福尔马林、MC-药骟注射液等，用注射方法注入睾丸实质。注射后睾丸逐渐萎缩，性欲消失。

⑤ 手术摘除法。在羊的阴囊部位剪毛、消毒。术者站在羊的臀部后方，右手持刀，左手由后向前握住阴囊颈，把睾丸挤向阴囊底部，使阴囊皮肤紧张而平展。在阴囊的前面，阴囊中缝两侧 1～2 指宽处，或阴囊的两侧，各作一个纵向或横向切口。在阴囊两侧作切口时（横形），不要使两切口连通。切口长度约为睾丸长度的 1/2，由上向下至阴囊底部，使睾丸暴露于切口之外，分离阴囊鞘膜。术者左手持睾丸，右手把精索外的总鞘膜向上推移，相应把睾丸向下拉，把精索拉到一定的长度进行结扎，在结扎线下 1cm 处

切除；或用刮挫法刮挫精索，使其在精索最细部位断裂，睾丸便随之摘除。用同法摘除另一侧睾丸。清除术部血液，创内撒入消炎粉，创围涂以碘酊消毒，术后慢步牵遛。

3. 典型医案

"110"无血去势法。施术场地应选择宽敞平坦的地面，避免倒卧保定中因羊挣扎造成损伤。施术羊应禁食半天，避免在倒卧保定时因腹压过大而发生胃肠和其他脏器的损伤。取 5m 长保定绳 2根，18 号丝质缝合线 1 轴（可用纳鞋底的尼龙线代替），直三棱缝合针 1 枚，钥匙环（内径 2cm）4 个，碘酊及酒精棉球适量。侧卧保定（以左侧卧为好）施术羊，充分暴露睾丸。术者左手于阴囊颈部握住一侧精索，把睾丸挤向阴囊底部，使阴囊皮肤展平而无皱褶。左手握精索的方法是手掌向上，拇指和食指贴住腹侧囊壁，将精索从前向后挤压，使之紧贴阴囊后缘。选择精索较细部分为施术点，局部用 5% 碘酊消毒，再用酒精脱碘，将事先用 75% 酒精浸泡消毒的结扎线双回引入缝针孔，右手持针紧贴精索内边缘，1 次刺透上下两层阴囊皮肤，从对侧拉出缝线，套上 1 个钥匙环，再从原出针点进针，将精索由后向前挤压，左手只捏住阴囊皮，从原进针孔将缝线引出，再套上另 1 个钥匙环，这时左手可以放开精索。用平结打结法扎紧，剪断余线，左手抓下环，右手抓上环，两手同时从相反方向绞拧两个钥匙环，以紧为度（注意不要将结扎线拧断）。左手握住并固定上下两个钥匙环，用右手背触试睾丸皮肤，温度明显降低时（与另一侧睾丸皮温比较），即可将上下两个钥匙环并在一起，打结固定。同样的方法结扎另一侧睾丸。结扎 24h 后可解除结扎，抽出结扎线，手术即告完成。术后不需特殊护理，正常饲喂，但需要休息 3 天；切忌惊吓，防止狂奔乱跑，不要与他羊同圈混养。

注：本法除三伏酷暑季节外，其他时间皆可施术。该术不分羊大小均可施术。如果第 1 次手术失败，可行第 2 次手术，同样能收到满意效果。术后第 3 天，睾丸有轻度肿胀，但不需要治疗，经过10 天左右肿胀可自行消退，1 个月左右睾丸开始萎缩，性欲消失，

一般 45 天左右睾丸肿胀消退，最慢的 3 个月亦可全部吸收，阴囊萎缩上提，仅留小儿拳头大小的空囊皱皮。

本法在术前不用注射破伤风类毒素等药物，无切口，不出血，无痛苦和损伤，术后无感染，成功率为 99.6%。本法不适用于患隐睾症的羊。（许志义等，T45，P25）

附录 2　羊常用针灸穴位及其应用

附表 2-1　羊的常用穴位及其适应证

编号	穴名	穴位	针灸法	主治
			头颈部	
1	天门	两耳根后缘连线正中,枕寰关节间的凹陷中。1穴	毫针、圆利针或火针向后下方刺入 0.7~1.0cm;或用艾炷灸 10~15min。每天1次	感冒,癫痫
2	龙会	额部两眉棱角连线的正中点处。1穴	艾灸 10~15min	感冒,癫痫
3	山根(水沟)	鼻梁正中有毛与无毛相交处。1穴	圆利针垂直皮肤刺入 2~3cm	感冒,腹痛,中暑
4	外唇阴	鼻镜下,唇上缘,鼻唇沟正中。1穴	小宽针垂直刺入 2cm	慢草,口黄
5	太阳	外眼角后 5cm 处的血管上。左右侧各1穴	低头保定,用手指压迫血管后方,使血管胀起。小宽针或三棱针顺血管刺入 1~2cm,出血	肝经风热,肝热传眼,火眼
6	大眼角	大眼角内,闪骨内侧方凹陷中。左右侧各1穴	毫针顺眼角向内后方刺入 3~5cm	肚胀,腹痛
7	睛俞	上眼睑正中,眉棱骨下缘。左右眼各1穴	毫针沿眉棱骨下缘向内上方刺入 3~5cm	肝经风热,睛生翳膜
8	睛明	下眼睑眼眶骨上缘皮肤褶上正中处。左右各1穴	上压眼球,毫针向内下方刺入 3~5cm	肝经风热,睛生翳膜
9	骨眼	大眼角内闪骨上。左右眼各1穴	毫针或圆利针刺透,或用三棱针点刺出血	骨眼症

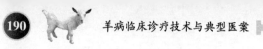

续表

编号	穴名	穴位	针灸法	主治
10	上关	下颌骨节上方,颧弓下方凹陷中。左右侧各1穴	毫针或火针向内下方刺入2～3cm	歪嘴风,破伤风
11	三江	内眼角下方约5cm处的血管上。左右侧各1穴	小宽针顺血管刺入2～3cm,出血	腹痛,气胀
12	鼻俞(过梁)	鼻孔稍上方。左右侧各1穴	左手握紧鼻梁,右手持三棱针或圆利针迅速横刺,穿通鼻中隔,出血	感冒,肺热
13	开关(牙关)	口角后上方,咬肌前缘上下白齿间。左右侧各1穴	毫针、圆利针或火针垂直皮肤刺入2～3cm	破伤风,歪嘴风,颊部黄肿
14	抱腮	开关穴后上方最后1对上下白齿间。左右侧各1穴	毫针、圆利针或火针垂直皮肤刺入2～3cm	破伤风,腮肿
15	耳尖(血印)	耳尖背面离耳尖约5cm处的血管上。3穴/耳	三棱针或小宽针刺破皮,见血	中暑,感冒,腹痛,肚胀
16	耳根	耳根后下方,耳根与环椎翼前缘之间的凹陷中。左右侧各1穴	毫针向内前方刺入3cm	抽风,感冒
17	风门	耳后约5cm伏兔骨前缘凹陷中。左右侧各1穴	火针或毫针向下刺入3～4cm	破伤风,偏头风,感冒
18	伏兔	耳后约3cm伏兔骨后缘凹陷中。左右侧各1穴	毫针或火针垂直皮肤刺入3～4cm	癫痫,偏头风,感冒
19	颈脉	颈静脉沟上1/3处的大血管上。左右侧各1穴	中宽针顺血管刺入2～3cm,出血	脑黄,中暑,中毒,黄肿,咳嗽,热证
20	内唇阴	上唇内侧正中的血管上。1穴	小三棱针刺入2cm,出血	慢草,腹痛

续表

编号	穴名	穴位	针灸法	主治
21	顺气（通气）	口内上腭前端两嚼眼上。2 穴	插入细榆条（或细柳条，或茭芨草）1 根至眼下，气通后即取出	肚胀，睛生翳膜
22	玉堂	口内上腭第三棱上、中线两旁 3cm。左右侧各 1 穴	三棱针刺入 1cm，出血	胃热慢草，吐草
23	通关（知甘）	舌系带两旁的血管上。左右侧各 1 穴	将舌拉出，向上翻转，用小三棱针刺入 2cm，出血	胃热慢草，舌疮，心肺积热
		前肢部		
24	膊尖	弓子骨前角即肩胛软骨前角的凹陷中。左右肢各 1 穴	毫针或火针向后下方刺入 5～8cm	肩胛麻木，肩胛肿痛
25	肩井（中膊、撞膀）	抢风骨节外上缘陷窝中。左右肢各 1 穴	毫针或火针向内下方刺入约 5cm	肩臂扭伤，前肢风湿
26	抢风（中腕）	抢风骨节后方约 10cm 处，三角肌后缘，臂三头肌长头与外头间的凹陷中。左右肢各 1 穴	毫针或火针垂直皮肤刺入约 3.3cm	肩臂闪伤，前肢风湿
27	肘俞（下腕）	肘头前上方的凹陷中。左右肢各 1 穴	毫针垂直皮肤刺入 5～8cm；火针刺入 5cm	肘部肿痛，关节扭伤
28	胸堂	胸骨两侧、腋窝前血管上。左右肢各 1 穴	小宽针顺血管刺入 2～3cm，出血	胸臂痛，前臂闪伤，关节扭伤
29	前三里	外承重骨尖前下方约 3.3cm 处，即前臂上部外侧、桡骨上、中 1/3 交界处的肌沟中。左右肢各 1 穴	毫针向后上方刺入 3～5cm	脾胃虚弱，前肢风湿
30	膝眼（腕眼）	腕关节前下缘正中稍偏外方的凹陷中。左右肢各 1 穴	小宽针向上刺入 2～3cm	腕部肿胀

编号	穴名	穴位	针灸法	主治
31	前缠腕（前寸子）	前肢悬蹄旁上,指屈腱与骨间中肌的凹陷中。左右肢各1穴	小宽针垂直皮肤刺入2～3cm,出血	寸节扭伤,风湿,肿痛
32	涌泉	前肢蹄叉前缘正中稍上方。左右肢各1穴	小宽针向后下方刺入2～3cm,出血	热证,蹄黄,感冒
33	前蹄头（前八字）	前肢蹄叉两侧,蹄冠缘背侧正中,有毛与无毛交界处稍上方。每蹄内外侧各1穴	小宽针向后下方刺入2cm,出血	慢草,腹痛,肚胀,蹄黄
34	前灯盏	前肢两悬蹄间正中的凹陷中。每肢各1穴	小宽针向前下方刺入2～3cm	蹄黄,扭伤
躯干部				
35	鬐甲（丹田）	第3、第4脊梁骨(胸椎棘突)之间的凹陷中。1穴	毫针垂直皮肤刺入5～8cm	肚胀,抽风,肺热咳嗽
36	苏气	第8、第9脊梁骨间的凹陷中。1穴	毫针或圆利针垂直皮肤刺入5～8cm	肺热,感冒,咳喘
37	肺俞	倒数第6肋间,背最长肌与髂肋肌之间的凹陷中。左右侧各1穴	毫针或小宽针垂直皮肤刺入3～5cm	肺热,气喘,咳嗽
38	肝俞	倒数第4肋间,背最长肌与髂肋肌之间的凹陷中。左右侧各1穴	毫针或小宽针垂直皮肤刺入3～5cm	黄疸,眼病,脾胃虚弱
39	脾俞	倒数第3肋间,背最长肌与髂肋肌之间的凹陷中。左右侧各1穴	毫针或小宽针垂直皮肤刺入3～5cm	肚胀,泄泻,腹痛
40	胃俞	倒数第2肋间,背最长肌与髂肋肌之间的凹陷中。左右侧各1穴	毫针或小宽针垂直皮肤刺入3～5cm	脾胃虚弱,泄泻,腹痛
41	大肠俞	倒数第1肋间,背最长肌与髂肋肌之间的凹陷中。左右侧各1穴	毫针垂直皮肤刺入3～5cm	肚胀,泄泻,消化不良
42	关元俞	最后肋骨后缘,背最长肌与髂肋肌之间的凹陷中。左右侧各1穴	宽针垂直皮肤刺入3～5cm	肚胀,泄泻,消化不良

续表

编号	穴名	穴位	针灸法	主治
43	腰椎	倒数第1、第2、第3、第4脊梁骨间的凹陷中。共4穴	毫针或火针垂直皮肤刺入3～5cm	腰风湿
44	百会（千金）	脊梁骨与脊节骨之间（腰荐结合部）的凹陷中。1穴	毫针或火针垂直皮肤刺入4～5cm	腰风湿,后肢风湿,泄泻
45	尾根	第1、第2尾骨之间的凹陷中。1穴	毫针斜向前方刺入2～3cm;或艾灸	泄泻,腹痛,肚胀
46	尾本	尾下正中,距尾根约3cm处的血管上。1穴	小宽针顺血管刺入2cm,出血	腹痛,中暑
47	尾尖	尾尖上。1穴	小宽针刺入3cm,出血	腹痛,肚胀,中暑
48	腰中	肾俞穴前6.6cm,距脊梁3.3cm处。左右侧各1穴	毫针或火针垂直皮肤刺入3～4cm	腰风湿,腹痛
49	肾棚	肾俞穴前3.3cm,距脊梁3.3cm处。左右侧各1穴	毫针或火针垂直皮肤刺入3～4cm	腰痿,腰风湿,肾经痛
50	肾俞	百会穴旁开3.3cm处,左右侧各1穴	毫针或火针垂直皮肤刺入3～4cm	腰痿,腰风湿,肾经痛
51	肾角	肾俞穴后3.3cm处。左右侧各1穴	毫针或火针垂直皮肤刺入3～4cm	腰痿,腰风湿,肾经痛
52	肷俞（肚角）	左侧肷窝中部。1穴	用套管针向内下方刺入3.3～6.6cm,徐徐放出气体	肚胀
53	脐前	脐前3.3cm处。1穴	毫针垂直皮肤刺入3cm;或艾灸10～15min	羔羊寒泻,胃寒慢草
54	肚口（脐中）	脐正中。1穴	禁针。艾炷灸或隔姜灸10～15min	羔羊寒泻,腹痛,胃寒慢草
55	海门（天枢）	脐旁开3.3cm处。左右侧各1穴	毫针垂直皮肤刺入2～3cm;也可针刺脐旁3.3cm处的血管,出血	泄泻,肚胀
56	脐后	脐后3.3cm处。1穴	毫针垂直皮肤刺入2～3cm;用用艾灸10～15min	羔羊泄泻,腹痛
57	后海（交巢）	肛门上,尾根下凹陷中。1穴	毫针或火针向前上方刺入3.3cm	便秘,肚胀,泄泻

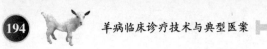

续表

编号	穴名	穴位	针灸法	主治
后肢部				
58	环中	股骨中转子骨前上方,肠骨外角与臀端连线的中点肌沟中。左右侧各1穴	毫针或火针垂直皮肤刺入5～6cm	后肢风湿,后肢闪伤
59	环后	环中穴后稍下方,股骨大转子前上缘。左右肢各1穴	毫针或火针垂直皮肤刺入3～4cm	后肢风湿,后肢闪伤
60	大胯	大胯尖正下方约5cm处。左右侧各1穴	毫针或火针垂直皮肤刺入3～5cm	后肢风湿,腰胯闪伤
61	小胯	大胯下尖斜后下方的肌沟凹陷中。左右侧各1穴	毫针、圆利针或火针垂直皮肤刺入3～5cm	后肢风湿,腰胯闪伤
62	邪气	尾根旁开约3.3cm处的股二头肌与半腱肌间的肌沟中。左右肢各1穴	毫针或火针向内前方刺入约5cm	腰胯风湿,后肢风湿
63	汗沟	邪气穴下方约8.3cm处的股二头肌与半腱肌间的肌沟中。左右肢各1穴	毫针或火针向内前方刺入约5cm	腰胯风湿,后肢风湿
64	仰瓦	汗沟穴下方约8.3cm处的股二头肌与半腱肌间的肌沟中。左右肢各1穴	毫针或火针向内前方刺入约5cm	腰胯风湿,后肢风湿
65	掠草	掠草骨前下缘稍外侧的凹陷中。左右肢各1穴	火针斜向后上方刺入4～5cm	膝关节肿痛,后肢风湿
66	后三里	小腿上部外侧,腓骨小头下方,趾长伸肌与趾外侧肌之间的肌沟中。左右肢各1穴	毫针稍向内后方刺入5～6cm	脾胃虚弱,后肢风湿
67	曲池	后肢合子骨(跗关节)前方稍内侧的血管上。左右肢各1穴	小宽针顺血管刺入2～3cm	合子骨肿痛
68	后缠腕(后寸子)	后肢悬蹄旁上5cm处的凹陷中。每肢内外各1穴	小宽针顺血管刺入2～3cm	后肢风湿,扭伤,肿胀
69	滴水	后肢蹄叉前缘正中上方。左右肢各1穴	小宽针向后下方刺入2～3cm,出血	热证,感冒,蹄黄

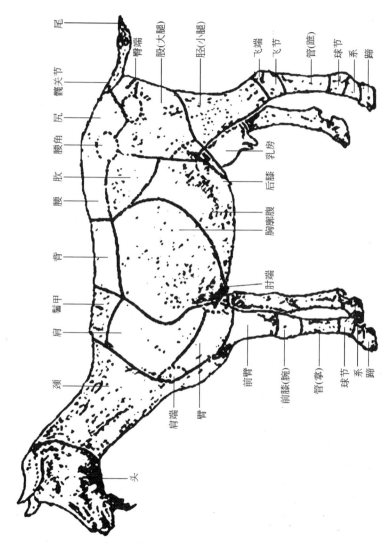

附图 2-1　羊体表各部位名称

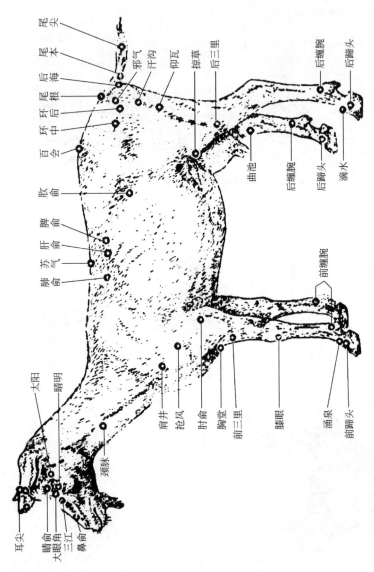

附图 2-2　羊体表穴位

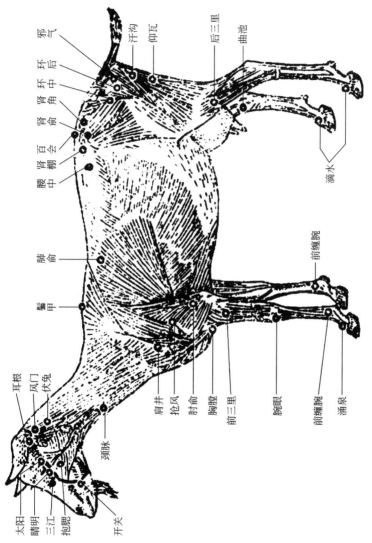

附图 2-3　羊的肌肉及穴位

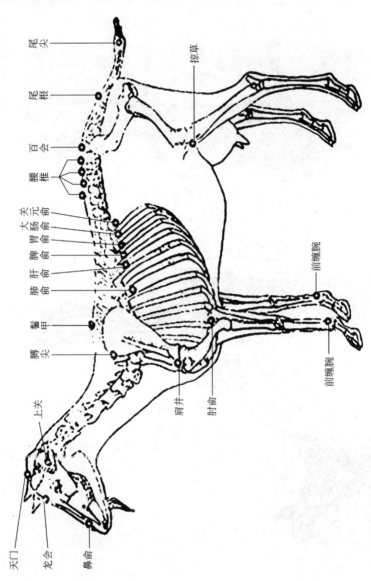

附图 2-4 羊的骨骼及穴位

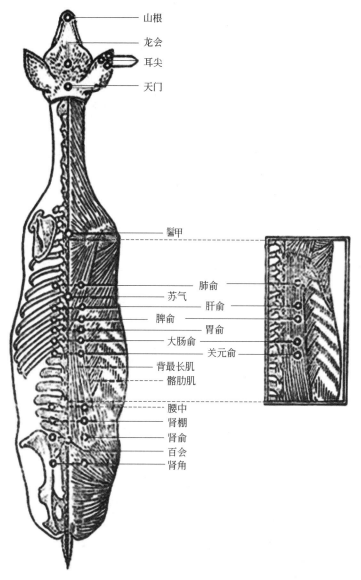

附图 2-5　羊背部穴位

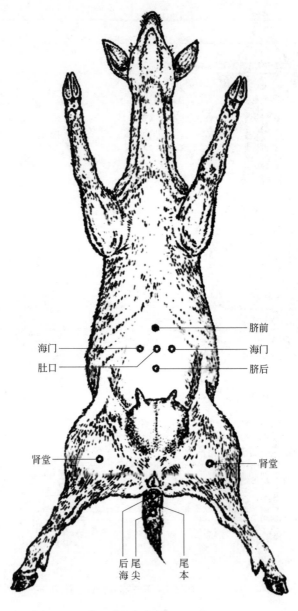

脐前

海门　　　　海门

肚口　　　　脐后

肾堂　　　　肾堂

后尾　　尾
海尖　　本

附图 2-6　羊腹部穴位

化学工业出版社同类优秀图书推荐

ISBN	书名	定价（元）
31340	这样养肉羊才赚钱	45
30633	羊类症鉴别诊断和防治	39
28738	本书读懂安全养肉羊	36
28818	健康高效养羊实用技术大全	38
28588	山羊解剖组织彩色图谱	95
28525	新编羊饲料配方600例（第二版）	35
27639	波尔山羊高效饲养技术	28
27720	羊病防治及安全用药	68
27116	林地养羊疾病防治技术	20
27276	羔羊快速育肥与疾病防治技术	28
27404	北方养羊新技术	29.8
24488	小尾寒羊高效饲养新技术	28
23501	养肉羊高手谈经验	32
22873	种草养羊实用技术	32
20073	牛羊常见病诊治彩色图谱	58
20147	羊饲料配方手册	29
18054	农作物秸秆养羊手册	22
17523	羊病诊治原色图谱	85

ISBN	书名	定价（元）
13353	科学自配羊饲料	20
12781	牛羊病速诊快治技术	18
11677	羊病诊疗与处方手册	28
9046	种草养羊手册	15
8353	高效健康养羊关键技术	25

邮购地址：北京市东城区青年湖南街 13 号化学工业出版社（100011）

服务电话：010-64518888/8800（销售中心）

如要出版新著，请与编辑联系：qiyanp@126.com

如需更多图书信息，请登录 www.cip.com.cn